U0910714

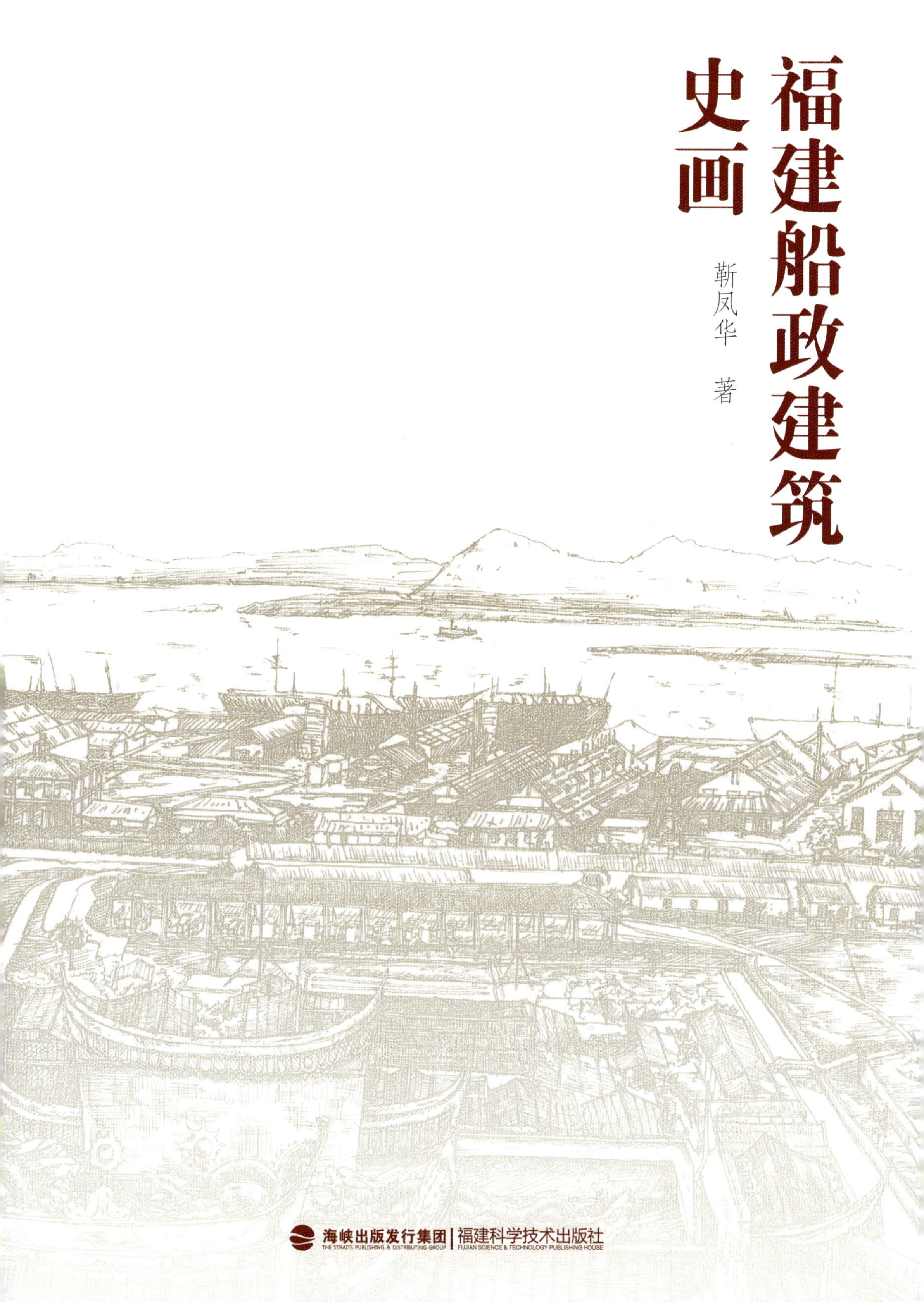

福建船政建筑史画

靳凤华 著

海峡出版发行集团 | 福建科学技术出版社
THE STRAITS PUBLISHING & DISTRIBUTING GROUP | FUJIAN SCIENCE & TECHNOLOGY PUBLISHING HOUSE

图书在版编目（CIP）数据

福建船政建筑史画 / 靳风华著. -- 福州 : 福建科学技术出版社, 2024. 9. -- ISBN 978-7-5335-7308-9

Ⅰ. TU-881.2

中国国家版本馆CIP数据核字第2024YM3359号

出 版 人　郭　武
责任编辑　李新文
编辑助理　李艺华
装帧设计　吴　可
责任校对　林峰光

福建船政建筑史画

著　　者　靳风华
出版发行　福建科学技术出版社
社　　址　福州市东水路76号（邮编350001）
网　　址　www.fjstp.com
经　　销　福建新华发行（集团）有限责任公司
印　　刷　福建省地质印刷厂
开　　本　720毫米×1020毫米　1 / 16
印　　张　10
字　　数　119千字
版　　次　2024年9月第1版
印　　次　2024年9月第1次印刷
书　　号　ISBN 978-7-5335-7308-9
定　　价　68.00元

前　言

在福建福州马尾，至今矗立着一处150年前建造的造船工厂的建筑群，轮机厂、绘事院、一号船坞、铁胁厂、铸造车间……一座座古老的船政建筑向人们诉说着近代先辈们自强不息、救亡图存、建设近代海防的船政故事。这些尚存的建筑是历史的印证和见证。

1840年，英国侵略者倚仗坚船利炮挑起了第一次鸦片战争，两年后，战败的清政府被迫签订了中国近代史上第一个不平等条约——中英《南京条约》，五口通商口岸的设立，让西方的思想、文化、商贸逐渐侵入中国。福州作为五口通商口岸之一的城市，西式近代建筑诸如领事馆、代办处、洋行、教堂等逐渐出现。第二次鸦片战争后，列强派出的大量殖民者更是如潮水般或直接或辗转来到福州，从政治、经济、文化、建筑等方面影响当地的发展。同时，在近代工业建筑方面，中国古老的重农抑商思想受到西方工商业社会先进思想的影响和冲击，开始引进近代化的西方建筑技术，新建筑在形制、功能和构造上发生了翻天覆地的变化，近现代工业建筑模式逐渐取代了农耕文明建筑样式。

两次鸦片战争失败后，清政府终于认清了落后的现实，洋务运动随之兴起。在一批自强不息、思想觉醒的洋务派知识分子的引领下，救国救亡的实业和产业陆续出现，诞生以福建船政建筑为代表的一批近现代工业建筑也就成为了历史的必然，而象征着中国近现代工业建筑起源、开端的福建船政建筑，在中国近现代建筑史上的地位也就不言而喻了。

早在大批西式建筑建成之前，福建船政建筑、厂房和工业生产机器就已经悄然在福州出现。近代化之前，中国的商业和工业模式基本是以木结构厂房作坊和手工业作坊为主的低效率生产形式，但是受到近代机械工业化的影响后，大量生产石砖铁木混合结构材料的厂房、大型生产车间和应用新型材料建成的新式建筑应运而生了。

福建船政建筑从1866年夏季选址筹建，规模宏大的船政建筑群在不到两年的时间里从一片农田中拔地而起，建成的建筑满足从行政、教育到生产生活等各方面需求。经过八年的建设，福建船政建筑成为当时规模最大、占地最多、设备最齐全的以造船为主的大型机器生产制造工厂。除了号称“船政十三厂”的工厂车间，福建船政建筑还建有配套的后勤建筑工事，包括船政衙门办公建筑、洋员工宿舍、学生宿舍、工人宿舍等住宅建筑和医院、监狱、邮政等公共建筑，占地超过100万平方米。后期还建有天后宫、教堂等宗教信仰的建筑，随着船厂生产规模不断壮大和船员人数不断增加，马尾船政厂区附近逐渐形成一个城镇式的近代化工业城市建筑集群。

建筑制度和流程方面也与传统建筑建造大相径庭。近代以前的房屋和工棚建造都是依靠传帮带的形式，即建筑工匠或师傅传授建筑技巧给徒弟，建造得好坏直接取决于工匠的经验多少。而近代建筑的模式和制度不同：是由专业的建筑设计师勘测土地，并根据业主需求设计绘制图纸，得到业主同意后再把图纸交给施工方按照图纸的要求建造，建筑设计师在设计规划房子的时候是按照建筑的功能科学地安排室内外空间的，而要设计并建成像船政建筑群这样类型繁多、规模庞大的近代工业建筑，不仅要具备近代建筑科学、光学、物理学、材料学等专业知识，还要具有极强的建筑设计能力。这种签约的项目方由业主、设计师、施工方等多方组成，每一方各司其职，严把质量关的协作模式，是中国近代建筑制度的萌芽。

目 录

引子 …… 1

第一章 船政建筑的兴建 …… 2

一、中国船政兴起的背景 …… 2
二、兴办福建船政的原因 …… 9
三、选址马尾的原因和整体规划布局 …… 12
四、推动船政建筑兴起和兴建的重要人物 …… 18

第二章 船政学堂建筑 …… 26

一、船政学堂建筑概况 …… 26
二、船政学堂建筑详览 …… 31

第三章 船政工业建筑——船政十三厂 …… 41

一、船政工业建筑概况 …… 41
二、船政工业建筑详览 …… 54

第四章 船政居住建筑 …… 76

一、船政居住建筑概况 …… 76

二、船政居住建筑详览 …………………………………… 78

第五章　船政管理、办公部门建筑…………………… 86

一、船政管理、办公部门建筑概况 ………………………… 86

二、船政管理、办公部门建筑详览 ………………………… 86

第六章　船政公共服务建筑…………………………… 94

一、船政公共服务建筑概况 ………………………………… 94

二、船政公共服务建筑详览 ………………………………… 94

第七章　船政宗教建筑………………………………… 100

一、船政宗教建筑概况 ……………………………………… 100

二、船政宗教建筑详览 ……………………………………… 100

第八章　船政工程建筑………………………………… 109

一、船政工程建筑概况 ……………………………………… 109

二、船政工程建筑详览 ……………………………………… 111

第九章　船政纪念性建筑……………………………… 139

一、船政纪念性建筑概况 …………………………………… 139

二、船政纪念性建筑详览 …………………………………… 139

参考文献……………………………………………… 147

引　子

船政建筑是中国近代化工业建筑的开端，也是中国近代教育建筑的起点和发源。在一座座近代船政建筑里，一个又一个奇迹被创造出来。从各个方面和角度对福建船政的研究论著和论作已经不少，他们的研究方向大致从船政历史和海军史的角度来论述，本书则是从船政建筑的角度，按照船政建筑的功能划分章节，深入挖掘船政建筑的材料、建筑职能等内容，详细论述建筑的由来和特点。

第一章　船政建筑的兴建

一、中国船政兴起的背景

（一）国际背景

15 世纪，为了探索通往中国的海上贸易路线，欧洲人开始了跨越 3 个世纪的航海冒险活动，通往东方的新航路的开辟连同美洲大陆的发现被合称为地理大发现。此后欧洲列强陆续在亚洲、非洲和美洲建立殖民地，肆意掠夺全球资源，建立起世界贸易路线。在工商贸易繁荣的条件下，欧洲出现了新的资本主义生产关系，新兴的资产阶级通过血腥的资本原始积累，积攒了巨额财富。

在毛纺织业发展迅速的英国，圈地运动把耕地改为养羊牧场，种粮的农民被迫离开了土地，为发展工场手工业提供了大量的自由劳动力。工场手工业的高度发展，客观上将大批农民转变为熟练工人，为机器的发明与应用奠定了社会基础。英国的自然科学也在经济的繁荣中进一步发展，力学和数学等学科的发展成就，为机器的出现提供了理论基础。18 世纪 60 年代至 19 世纪 40 年代，以蒸汽动力机器代替手工劳动的第一次工业革命席卷欧美各经济强国，从英国纺织业发端，逐渐拓展至美、法、德等国家。

19 世纪 30 年代至 50 年代，美国的工业革命从棉纺织业发端，向面粉、制革、玻璃、毛纺等轻工行业发展。南北战争后，以采煤、冶铁、石油开采与加工为代表的重工业技术发展迅猛。铁路交通产业兴起，带动了火车制造、建筑、木材和机械等众多产业，为钢铁业提供了巨大的市场。铁路网络建设为人员与货物的长距离运输提供了便利条件，加强了国内各个地区的经济联系，推动了工业革命的进一步发展。

早在大革命爆发前，法国就开始从英国引进机器代替人工劳动。受英国工业革命进程的影响，法国也是从纺织业开始工业化的，之后逐步向采矿、冶金等产业扩展。作为当时欧洲数一数二的大型重工业企业，法国的勒克勒佐冶金公司和采煤企业昂赞矿业公司都配备了蒸汽机、汽锤等先进机械设备。从 1789 年到 19 世纪 20 年代，法国卷入了接连不断的战争，政局动荡不安，刚刚起步的工业化进程因此几乎陷于停滞。法兰西第一帝国崩溃后，法国迎来了一段和平时光，工业逐步恢复。1825 年英国政府解除了机器出口禁令，法国抓住时机引进先进的机器设备，加速推进工业革命。

19 世纪 50 年代，蒸汽机作为机器的动力源，被广泛运用于交通、通信和能源、矿业等重工业领域中。1870 年第二次工业革命开始后，西方科技的发展日新月异，不仅蒸汽机性能得到不断地改良，还出现了内燃机驱动的交通工具，电力也开始被广泛应用起来。发电机、电动机、电灯、汽车、电话和飞机都是那个时代发明出来的产品，直到今天还深刻影响着人类的生产和生活。随着电力工业和电器制造业的飞速发展，人类跨入了电气时代。

18、19 世纪接连发生的两次工业革命虽然使人类的生产力迅速提高，但是新的矛盾和挑战也接踵而来。欧美国家倚仗科学技术优势，以武力瓜分世界，掠夺殖民地资源。为了争夺全球殖民霸权，帝国主义国家间的战争、殖民与反殖民战争越来越频繁，而这些战争大多是从海上冲突开始的。因此，欧美各海权强国普遍十分重视海军的建设。

与此同时，世界军事航海技术也在工业革命的引领下发生了深刻的变革。船用螺旋桨发明以后，欧美海军逐步淘汰风帆战船，改用蒸汽动力舰艇，传统的风力与人力被机器驱动所取代，这极大地提高了军舰的航行速度和续航能力。17 世纪之后，滑膛式舰炮已经成为列强之间进行海战的主流武器。19 世纪 50 年代中期，英、德两国几乎同时研制出后装线膛炮，到 1870 年欧洲军队基本装备了线膛炮，大大提高了舰炮的射程和命中率。同时，随着船用钢铁技术的发展成熟，欧美还陆续出现了使用钢铁肋骨的铁肋军舰和以钢铁打造舰身的铁甲、钢甲军舰，使近代化战舰的战场生存能力不断提高。

在欧美列强的近代海上争霸过程中，英国和法国逐渐成为引领世界航海军事科技发展的两大强国。19 世纪，英国的蒸汽动力船舶制造不仅科技领先全球，还拥有世界一流的近代化海军指挥技术。1836 年，英国就已经拥有航速快、机动性强的近代化舰艇 580 艘左右，每一艘军舰都装载有精度高、射程远的 70 至 120 门新式舰炮，这支庞大的舰队是英国称霸世界的重要工具。而法国作为后起的海军强国，舰船制造水平与英国难分伯仲。巴黎的塞纳河是汽船实验的故乡，1803 年，世界上第一艘商用轮船实验就是在塞纳河上进行的，法国工程师们在船用螺旋桨的研制中也发挥了不小的推动作用。1845 年，法国通过改造风帆战舰成功获得了一艘螺旋桨蒸汽动力战舰。1850 年，法国建成世界上第一艘蒸汽动力战列舰，9 年后又造出人类历史上第一艘蒸汽动力铁甲舰，在造舰技术上一度反超英国、领先全球。

（二）国内背景

1. 政治和社会形态

中国是一个拥有五千年文明史的东方大国，与小国林立的欧洲不同，自战国结束以后，中国就进入了封建王朝。从汉代开始，封建统治者把儒家学说上升为国家意识形态，三纲五常、四维八德等一系列封建等级观念披上了儒家伦理的外衣，深入大众头脑中，儒学也逐渐成为统治阶级控制人民思想的工具。中国百姓被统治者按照职业划分为士、农、工、商四类，亦称为“四民”。士人，自隋唐创立了科举制度后，读书仕进成为封建社会时普通人进入上层社会的重要途径，士人成为超脱群体而高高在上的存在，而科举制度在一千余年的发展历史中日渐僵化，北宋经过两次科举改革取消了儒家文论以外的考试科目，明清改考八股文，一步步束缚了知识分子的思想。农人，中国封建时代是自给自足的小农经济占主导地位的，因此农业在历代封建王朝中都占据着极为重要的位置。工匠和商人，在封建王朝重农抑商的经济指导思想下，中国的工匠和商人的地位较为低下，而较大规模的工商业主要集中在城镇，手工作坊里生产着城市居民的生活用品，商人们采购各种货物行销各地。但是在等级分明的封建王朝背景下，农、工、商阶层的百姓大多是文盲，知识的生产者们又受到社会风气的影响，鲜有为钻研格致之学而放弃仕途者，这也就导致了一千多年的时间里，中国的科技发展速度极为缓慢。

17 世纪中后期，清朝统一了中国。清中前期奉行有限的文化包容政策，康熙帝引进了欧洲传教士，在宫中传播数学、地理、天文历算、生理解剖、绘画和音乐等西洋文化。但是嘉庆帝后，统治阶级在外交上闭关自守，自然科学和航海技术停滞不前，海军战斗力自然远落后于当时的欧美列强。

2．近代建筑行业发展情况

中国传统建筑习惯以木材制作梁柱等承重结构，大多使用土、木或砖建造墙体。清代的福建，不论是宗庙建筑还是土堡土楼，乃至三坊七巷的官宦建筑群，建筑的承重也是以木制立柱和框架为主。工商业建筑亦是如此，不管是抬梁式结构、穿斗式结构和井干式结构，都属于木架结构。少数沿海地区因对建筑有抗风沙的要求，采用石材修建，但建筑总体较为低矮，窗户窄小，与西洋建筑逐渐高层化的演变趋势不同，千百年来中国传统建筑都遵循纵横延伸的平面空间布局原则，以围墙和几座单体建筑构成的院落为单位，由一条中轴线贯穿数个合院，有的大型建筑群还有许多对称分布的跨院。由于城市的建筑密度高于乡村，福建传统城市建筑从平面空间上看主要为厅井式建筑，即庭院较小的合院式建筑群，以福州三坊七巷古建筑群最具代表性。而农村适于建房的土地较多，财力雄厚的地主乡绅兴建了不少大型合院建筑，其中各类堡寨、土楼不仅规模宏大，防御功能也十分突出。此外，农村和城市还有大量平民建筑，多以不带庭院的单栋或联排建筑出现，如福州的商住两用建筑柴栏厝。还有一些半开放式的建筑，这种建筑主要是由 2 至 3 座单体建筑围成一座向路面开放的敞院，如漳州埭尾村敞院式民居建筑。

3. 中国造船技术和明清海防意识

船尾舵、水密舱壁、车轮舟和指南针等都是古代中国人民的伟大发明，曾对世界造船和航海业作出了重大历史贡献，加速了大航海时代的到来。明朝初期郑和七下西洋，舰队中最多时有 200 余艘海船、乘员 2.78 万人，展示了大明王朝强大的海军实力，彰显了中国当时领先于世界的造船和航海技术。郑和舰队中的旗舰被称为“宝船”，长约 151 米，宽约 60 米，长、宽比例为 1∶2.43，配有自重几千斤的船锚，9 根桅杆挂 12 面大帆，乘员达千人，排水量约为五千吨，是当时世界上最大、最先进的海船。直至 15 世纪末，欧洲的大型海船桅杆数一般还只有 3—4 根，而中国大型海船在排水量、航速等方面的技术指标都远远超过同时期的欧洲船舰。明朝最强盛时，拥有当时世界上最强大的海军，全国约有 3800 艘水师舰船，其中有巡逻船与地方舰队的战船各 1350 艘，大型主力舰和运粮漕船各 400 艘，还有 250 艘远洋宝船。因此当时的葡萄牙、西班牙和荷兰等西方国家，即使在海上贸易上较为发达，但在军事实力上远无法与大明水师力量相抗衡。然而令人扼腕的是郑和远航的壮举仅是昙花一现，由于明代中前期倭患严重，往后历朝开始实行海禁政策，郑和下西洋也就成为中国封建王朝赞助远洋航海的绝响。

在倭患影响下，中国封建王朝停止了朝贡贸易，1567年“隆庆开关”后，虽然明朝政府依旧禁止对日贸易，但是开始允许民间商人出海通商，沿新航路而来的欧洲商船和传教士络绎不绝，传统的东洋、南洋国际贸易路线十分活跃，因此这一时期的对外贸易总体上是开放的，到晚明时期甚至基本废弛了海禁政策。到了清朝初年，清政府一度禁止所有的航海活动、迁走沿海地区的居民。全国统一后，清统治者把广州作为唯一的对外贸易口岸，国货、洋货通过官府指定的商行进行交易。中梵礼仪之争爆发以前，康熙帝一度允许欧洲天主教传教士来华传播教义，而传教士们的到来也带来了欧洲的先进的科技和多元的文化思想。

可见，明清两代的海禁政策的制定都是源于沿海地区遭受严重的侵袭，而在战争结束后都能适时解除相关政策，并没有彻底堵死中外经贸文化交流的通道。而真正使中国丧失海上优势、造船技术停滞不前的原因是封建统治者对技术进步的恐惧，帝王们害怕他人掌握新技术之后威胁自己的统治，因而放弃利用先进技术提高生产力，拒绝引进、研发和推广新技术，采取了因循守旧的保守态度来维持自己的统治权。

在统治阶级保守闭关的治国政策下，中国在船政诞生之前没有任何近代化工业基础，造船业在传统的木质帆船制造技艺上止步不前。1655年，清廷为防止福建沿海百姓支援郑成功率领的明军，下令禁止打造双桅大船。平定台湾后的第二年，清廷虽然解除了海禁，但是又附加规定：制造或驾驶双桅、排水量250吨以上船只出海者，不论是何出身，都要发配边防充军。1703年解除了建造双桅船的禁令，但又要求船只的梁头长度不得超而过5.76米，最多搭乘28人。长时间禁止或限制造船，让中国帆船制造业的发展困难重重。

福建和广东是古代中国造船技术最先进的两个地区。福建拥有漫长的海岸线，大小港湾125个，造船历史悠久。其中福州和泉州有许多世代传承的造船世家，可以建造排水量大、设备优、适于远航的海船，造船的木料和其他物料也都容易获得。福州的造船业十分发达，福州产的“福船”驰名全国，不仅广泛作为官船、商船使用，还是明清两代水师装备较多的船型。福船上最值得称道的是它的“水密隔舱”结构，这是防止全船同时进水的隔舱技术，能够在保证船身整体结构足够牢固的前提下，形成互相独立、隔水密封的舱室结构，这种结构的制造不仅需要使用大量软质木材，还需要在匠首的指挥下，多名工匠采用榫接、舱缝等中国传统造船技术密切配合完成。

1727年开海之后，中国的海上丝绸之路又恢复了往日的繁荣。林则徐任两广总督期间，广东造船业者引入了一部分西方造船技术，为广船安装了钢丝索、钢滑轮等设备，提高了这些风帆配件的耐用程度。1846年，英商在香港建造了广式木帆船“耆英”号，由30名中国水手和12名英国水手协作驾驶，从香港起锚开始环球航行，途径美、欧两大洲，英国维多利亚女王亲自登船参观，广船合理的结构与优良的性能是此次航海获得成功的坚实保障。

在海军武备方面，虽然清军也装备了相当数量的火器，但主要还是仿造前明军队装备的老式火器“佛郎机”“鸟铳”“红夷大炮”等，并没有多少改进，更谈不上创新和突破。仅从武器代差上看，清军的火器装备至少要比英军落后两百年。火器落后的具体表现主要反映在射速和射程上，英国火器射速是清军的2倍以上，射程更是2倍到3倍的差距。而西方航海军事技术革新的契机则是来自于地理大发现。在郑和航海结束后的第54年，迪亚士受葡萄牙国王委托率船队出海寻找非洲大陆的最南端，揭开了大航海时代的序幕。哥伦布率领的船队拥有 17 艘船，旗舰长 24 米、宽 6 米、排水量 100 吨，人数总共 1000 多人。达伽马绕过好望角只带了 4 艘船，160 人。此时西方战舰虽然比不上明朝，但是开辟新航线、在贸易路线沿途开辟殖民据点都需要强大的海上武力作为后盾，因此西方的造船、航海技术和海军战法迅速发生变革，火炮大量装备在战舰上，战舰技术发展也逐渐超越了中国。尤其是船用蒸汽机发明以后，西方舰船的机动性能与续航能力不断提高，从木船、铁木合构船、铁甲船一直发展到钢甲舰，防护能力也随着钢铁技术的进步而不断增强。

对于任何一个拥有出海口的国家来说，海防都是国防的重要组成部分。自古以来，中国就拥有强大的水师力量，来自海上入侵的威胁则较少，只有明代的倭寇入侵规模相对较大，导致封建王朝的海防意识比较薄弱。明清两代的当权者对西方先进的航海科技并不是一无所知，但是由于这种优势还没有产生明显的代差，就连学贯中西的康熙帝也只是认为，洋人在千百年以后才会对中国产生威胁。绝大多数统治者则是把这一群来自“泰西”的欧洲人视为蛮夷，认定他们人数少、军事力量薄弱，绝不敢以武力挑战人口上亿、战争动员潜力巨大的中国。然而到了鸦片战争前夕，清政府吏治败坏、军纪废弛，甚至连外国商人都看在眼里，因此清代末年中国海防被动挨打的局面早已成了定局。

二、兴办福建船政的原因

19 世纪中叶，中国的航海、造船技术和海陆军事战术已经全面被西方超越，满洲八旗和各地水师作战能力也显著退化。欧美帝国主义获得了通过武力打开中国市场、掠夺中国资源的可乘之机，在 1840 年和 1856 年发动了两次鸦片战争，英、法两国海军击败了中国的水师，又用舰载火炮掩护陆战队攻城略地，最终迫使中国签订了一系列丧权辱国的条约。

（一）两次鸦片战争的战败导致国家形态发生变化

由于经济上自给自足的清朝较少进口商品，而欧美国家对中国瓷器、茶叶和丝绸的需求十分旺盛，清中前期的中国一直处于贸易顺差地位。英帝国主义为了扭转长年对华贸易逆差的局面，指使英国东印度公司向中国走私毒品鸦片，给中国人民带来了深重的灾难。

1840 年，英国悍然挑起第一次鸦片战争，企图阻止清政府主导的禁烟运动，打开对华贸易市场，并在中国沿海开辟新的殖民地。腐朽的清政府在指挥调度、军队训练和武器装备等方面几乎全面落后于英国侵略者，还任用投降派大臣指挥防御作战，导致清军在战争中一味妥协退让、损失惨重。各地清军水师虽然英勇抵抗，然而装备上差距过大，只能以小规模近战、奇袭和破袭的作战方式同英舰周旋，却根本无法阻挡敌军的侵略脚步。制海权的丢失直接导致清军在反登陆作战中陷入被动，除了台湾发生的三次战斗以外，英军步兵均能在舰炮火力支援下成功登陆，然后以装备优势迅速击败陆地上的清军。

战争开始后，英军倚仗强大的海军舰队，沿海路向北进攻，先是包围广州，接着北上攻破福建厦门，此后又接连攻陷江浙两省不少沿海港口和长江沿岸城市。这伙强盗沿途烧杀抢掠、绑架勒索，对交战区的社会生产生活造成了极大的破坏。1842 年夏，英军占领江苏镇江，截断南北航运要道京杭大运河，使南粮无法运至北京，继而派兵舰进逼南京城。腐朽的清政府见大势已去，被迫签署了不平等的中英《南京条约》，中国从此沦为半殖民地半封建国家。

然而帝国主义列强都是极其贪婪的，它们都妄图在中国攫取更多利益。1856 年至 1860 年，英法两国勾结发动了第二次鸦片战争，仍旧沿海路由南向北侵入中国本土，最终占领了北京，焚掠了皇家园林圆明园。咸丰皇帝为避兵灾逃往热河，不久后病死在承德避暑山庄。清政府还在战后同英、法、俄等帝国主义国家签订了一系列不平等条约，割地赔款、主权沦丧，加深了中国半殖民地半封建化的程度。

（二）统治者和民众的思想意识形态变化

早在第一次鸦片战争时期，中国近代一批远见卓识的爱国志士就开始探索救国图存之道。1842 年，在林则徐的大力支持与协助下，魏源编著的《海国图志》出版，介绍西方工业革命的发展成果，打开了国人放眼看世界的视野。魏源在书中提出的“师夷长技以制夷”、自产坚船利炮等主张，催生了引进西方军事科技巩固海防的新思潮。然而，清统治者天真地以为仅凭《南京条约》里的卖国条款就可以满足贪得无厌的帝国主义列强，换来永久的和平，绝大部分封建贵族、官僚和文人们在思想上也极端守旧，因此魏源等人的正确主张并没有得到应有的重视。直到在第二次鸦片战争中遭遇了更加惨痛的军事失败，清统治者才从深刻的教训中认识到，只有把水师改造成近代化海军，建立强大的近代化舰队，才能抵御来自海上的侵略威胁。与此同时，一部分清朝高级官员也在危机中探索富国强军之道，由政府主导、自上而下学习西方先进科学技术的契机终于到来。

（三）洋务派兴起了实业救国的洋务运动

洋务运动是一部分清政府高级官员主导进行的一系列引进西方先进科技、发展近代化工业的政治运动，其主导者被称为洋务派大臣。第二次鸦片战争结束后，清统治者已经决定引进西方科技，组建总理事务衙门主管外交与洋务。洋务运动早期主要目标在于增强军事实力，引进西方先进的军事科技，创办一批近代化的军事工业机构，如安庆内军械所和江南机器制造总局；后来又为了办好军工，陆续兴办了一些军民两用工业企业，再通过政治、经济与文教等领域的改革推动洋务运动持续进行。

经过洋务派多年的苦心经营，中国终于取得了一些近代化发展成果，一系列军用和民用产品工厂被建立起来，三支近代化海军舰队整编服役，各类新式学堂陆续兴起，归国留学生带回了西方的先进科学技术。从洋务运动的发展历程可以看出，这场运动的实现途径是通过发展近代化工业的同时，培养掌握科学技术的产业工人与新型知识分子，最终组编成装备新式武器装备的陆海军。与此同时，中国工人阶级也在洋务运动新兴的雇佣生产关系下登上历史舞台，这为我国后续的民族资本主义的发展奠定了一定的社会基础。

三、选址马尾的原因和整体规划布局

（一）定名为“船政”

闽浙总督左宗棠是中国船政的奠基人，他很早就洞悉了列强的侵略野心。第一次鸦片战争后，他脑海中抵抗侵略、救国图存的思想信念更加坚定，开始谋划建立工厂自造炮舰、培养近代化海军人才，组建足以御敌于海上的强大舰队。闽浙总督的驻地在福建的省会福州，左宗棠虽然在福州选址兴办船政，但他并不打算把船政定位为隶属于福建省或福州府的地方性军事工业机构，而是努力将建设工厂、自主造舰的计划上升到国家层面的事务，要求清廷派遣封疆大吏担任主官。这是因为左宗棠深知，船政组建伊始并无尺寸之功，机构的经费、规模、等级乃至于能够存在多久，都与船政早期建设的成败息息相关。所以主管官员必须身居高位、富有领导力和责任心，并且能为船政争取到更多的运行资源。

同时为了防止这个新兴机构遭到矮化，左宗棠在公文中极力避免使用“局”或者“厂”称呼船政，也不在船政名称前冠以所在地名称，力图维护船政作为国家级行政机构的地位。虽然后世习惯使用“福州船政”“福建船政”“船政局”称呼船政，但是这些称谓对于左宗棠来说都是矮化船政机构等级的行为，也是早期船政人最不愿听到的名称。虽然清政府也希望能够通过兴办近代化工厂去提高自身的海防力量，但作为矛盾的另一方面，清廷并不希望一个由汉族封疆大吏发起建设的军政机构拥有过多的权力，于是想方设法通过给名称“降级”的方式打压船政，并且在资金投入上采取种种借口逐年减少，最终把船政划归到了福建地方政府管理的范畴，船政也因此渐渐走向了没落。有趣的是，不仅朝廷如此，就连英国人把持的中国海关也极尽矮化船政之能事，福州马尾的“总理船政”或“船政”在公文中都被写为“福建船政”或者“福州船政”，因此从船政建立初期的“内忧外患”，就可以预料到船政未来命运多舛了。

（二）选址马尾

马尾在历史上就是一座天然良港，因附近的江面有礁石状似马尾而得名，流经这里的马江是闽江的支流。马尾距闽江入海口约有百里，这一江段水文环境多变，星罗棋布地分布着许多岛屿和山脉，沿途有不少地方适合建设炮台，构成了拱卫造船厂的天然屏障。于是，左宗棠与日意格于 1866 年 8 月 19 日到福建马尾罗星塔一带视察后，就决定在马尾中岐村一带的沿江地块兴建船厂。

马尾风景

中岐村附近的临江陆地主要是当地村民世代耕作的农田，这里马江江面宽阔，水深约 38.4 米，涨潮时江水会变得更深。左宗棠、日意格和德克碑对此地优良的天然条件非常满意，认为这里是最好的造船地点。当然，自然条件并不是唯一的决定因素，日意格对中国船政选址马尾的原因做了较为全面的解释：第一，通往马尾的闽江沿途容易设防；第二，马尾与福州只有二十几公里路程，沿水路乘船可达，便于以左宗棠为首的福建官员监督管理；第三，福建海关衙署就设在马尾，船厂可以就近从海关获取经费；第四，马尾江水的深度符合船政自造舰船的吃水要求；第五，福建省林木资源丰富，可以为兴建厂房和造船工程提供大量木材；第六，福州具有悠久的造船历史，工匠容易招募，而且只需稍加培训便能胜任蒸汽式战船的制造任务。

（三）整体布局

1866 年 10 月，船政正式开始筹组工作。12 月 11 日，左宗棠正式代表清廷聘请日意格和德克碑为船政的正、副监督，双方签署了两份合同性文件，确定了船政建厂造船的整体规划格局。晚清时代的中国并没有任何工业基础，不论是庞大的蒸汽机还是细小的螺丝钉，都需要建立专门的制造部门，各生产单位相互配合才能打造出合格的军舰。船政创立初期，类似蒸汽机这样精度高、工艺复杂的工业产品只能依赖进口，在专用车间里组装、保养；相对容易制造的木质船身构件、铸铁零件等材料则是建立厂房自行生产。按照主要加工对象的区别，生产车间又被分为木工车间和铁工车间两大类。为了完成从船身制造到舾装的船只组装工作，船政还专门规划了船台、制图与放样车间、栈桥式起重码头、拖船坞等大型设施。

按照中法双方拟定的协议，日意格和德克碑在获聘之后随即返回法国，为造船工程做好前期准备，具体工作是购买造船和船用机器设备、招募技术工人。1866 年 12 月 23 日寒冬时节，依照左宗棠的全局规划，船政营建工程在福州马尾正式展开。此时，左宗棠已调任陕甘总督，新任船政大臣尚未到岗，于是选定福建布政使周开锡来担任船政主官。

远眺木工作业区

周开锡是左宗棠一手栽培的得力干将，主持船政建设的具体事务。由于法国技术团队和必要设备短期内无法就位，为了按时完成造船计划，就由日意格先前雇用的俄罗斯籍洋员贝锦达担任监工，先行开始船政西式建筑的规划设计，并在建设过程中给予技术指导。而船政建筑施工的主力则是各处招募的中国民工，同时驻防马尾的楚军官兵也参与到了船厂的建设当中。

（四）初期营建

在等待法方人员、物料的过程中，中方的营建工程就已经开始了。按照贝锦达的规划，船政首先建成了一条人工河，将厂区与其余区域隔开。厂区建设事关船政建厂造船的计划能否按时完成，因此是整个船政工程的重中之重，需要尽早开工。由于生产厂区建立在农田之上，最先进行的基础设施建设工作花费了较长时间。厂区地势低洼、基质松软，就要购运垫土填平和垫高地基。因为垫土在干燥后高度就会缩减，过一段时间又需要整体加高，因此需要反复三四次的加高填平才能达到要求。此后施工者们又在厂区的江边打下木桩，用以加固堤坝，防止江水冲垮江岸。学堂建筑和宿舍建筑等生活、教育的配套建筑因为无特别技术要求，与厂区基础设施工程同步开工进行建设。

1867 年 7 月，沈葆桢正式就任船政大臣。此时正在兴建的行政、教育及生活区建筑工程有：船政衙门、木料车间、制造学堂、宿舍、日意格寓所、德克碑寓所、东考工所、西考工所、外国医生寓楼、外国匠首寓楼、驾驶学堂和宿舍、洋匠房、官街、营盘、洋员办公所等。在厂区的基础设施基本完工后，用于建造船体的船台和各车间、厂房也开始建造了。在法国技术团队到马尾以后，中法双方最终敲定了规划方案，即木工车间建在厂区北部陆地，沿马江之滨布置船厂设施，铁工车间建在基地中南部。

为了自产紧缺的铁件，最先动工的厂房是一座简易的小型锻造车间，也被称为小铁厂，这里的第一件产品就是搭建船台需要的铁钉。船台完工后，船政的主要目标转为各个车间厂房的营建。随着海外物料和机器设备的陆续抵达，船政造船工程终于开始了，原有仓储空间随之变得紧张起来，于是沈葆桢下令建立了多处金属件、煤炭、石灰等物资存放所和板棚式的木材储存所。

（五）营建成果

船政建筑群的建设到了 1868 年 8 月已初具规模，并且具备了自造战舰的能力，而初期拟定的 80 余处建筑也全部落成。此时的船政建筑群被大致分为两部分：东部为行政、教学和生活区，西部为工业生产区。东部建筑群的北端是自西向东一字排开的洋员洋匠宿舍，东端山坡上建有德克碑寓所，西端的洋匠首房以西不远处就是中岐村民房。船政衙门又称为节使署，是船政的行政办公中心，位于洋员洋匠生活区的东南侧。在衙门东面的山上有条小路，直通天后宫；南侧建有木料厂

10 间；东南方的山上就是护厂镇海营的驻地。木料厂的西南面依次是船政前、后学堂，分别培养海军工程和指挥人才。两座学堂之间建有洋匠房、通事房，东侧的后山上建有日意格寓所。后学堂东南为艺圃，即中方学徒宿舍。艺圃的北面、后学堂的东侧有两座木料厂。紧邻艺圃西南侧的是东、西考工所，即中方工人的宿舍楼。

船政工业区又被分为西侧沿江地块的船厂、东北部的木工作业区和东南部的铁工作业区三大部分。船政还建设了纵贯整个工厂区的铁轨，方便工人们利用轨道上的手推车在各厂房之间运输物资。厂区西北部沿江地块建有 3 座船台，另建有 5 座船亭穿插其间。木工、铁工作业区分界线上的江岸设有铁水坪，安装了重型门式起重吊臂。铁水坪南侧不远处就是铁船槽，可为舰船提供离水维护。厂区西南端的滨江地块是煤场，设有栏棚。

工业区东北部自北向南依次为木模厂、转锯厂、打铁厂、截铁厂

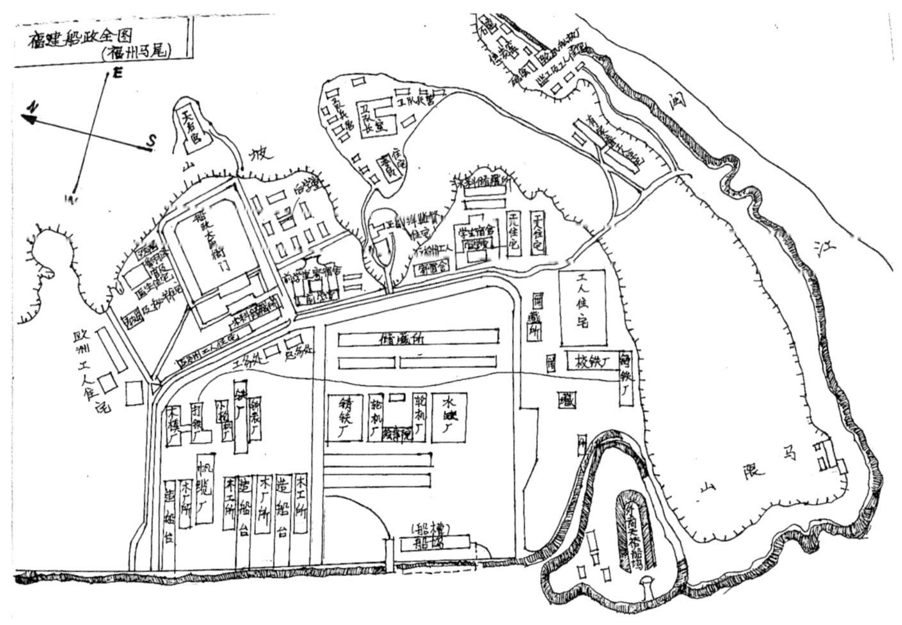

手绘船政地图

和钟表厂，南北跨度略短于船台区。木工作业区东南侧靠近人工河的位置，建有中方办公楼和洋员办公楼各 1 座，配有大的自鸣钟和号钟各 1 部。东南部的铁工作业区分为三个部分，西侧自西向东为收储机器所和样板厂，中部自北向南是铸铁厂、轮机厂、合拢厂（绘事院）和水缸厂，东侧两排建筑为收储机器所、帆缆厂和炮厂。南段护厂人工河以南的地块有 5 座仓库，它们的南边紧邻着拉铁厂和锤铁厂，这几座建筑全部位于厂区西南边缘地块，再往南就是厂区之外的英商天裕船坞了。

四、推动船政建筑兴起和兴建的重要人物

（一）林则徐

林则徐是中国民族英雄，晚清政治家、军事家、思想家、教育家，是近代抵御帝国主义侵略的第一人。他的思想和学说推动了中国的近代化，被誉为“中国开眼看世界的第一人”。

1785 年 8 月 30 日，林则徐出生在福建福州，由于家道中落，他自幼生活勤俭、刻苦学习。同时林则徐作为一位杰出的爱国诗人，他的名句“苟利国家生死以，岂因祸福避趋之”，激发了无数有志之士奋发图强、舍己为国的爱国精神。林则徐一生目尽了清政府的腐朽无能、百姓的贫穷困苦，终以强国富民为志，置个人荣辱得失于度外。他当官后清正廉洁、打击腐败，推行经济改革，兴修水利、革新农业，赈灾济困，为官一任总能造福一方百姓，赢得了广大人民群众的衷心爱戴。

当时的中国人民深受英国走私鸦片之害，林则徐力主禁烟，任两广总督期间主持了著名的虎门销烟，即使因主张禁烟被贬多次，林则徐仍投身于救国图存的伟大事业，并且在目睹了英国舰队坚船利炮的威力后，他敏锐地察觉到只有学习西方的军事技术才能提高中国海防

林则徐手绘画像

的守卫能力，只有了解西方的思想才能够抵御外来的侵略，于是林则徐开始积极备战，增设西洋大炮，仿制西洋战舰，并且根据西方的军事技术、政治经济等著作，先后编译了《四洲志》《华事夷言》《滑达尔各国律例》等书，而他的这些思想后来被魏源发展为“师夷长技以制夷”的御敌之策写进《海国图志》。

虽然林则徐积极迫切地向朝廷提出自造极坚之船、极利之炮的建议，但是却被道光帝无情地否决了，导致清军始终无法扭转面对英军时的装备劣势。鸦片战争前后，虽然林则徐主持虎门销烟并成功地指挥了广东保卫战，让英帝国主义吃尽了苦头，但是在英舰北上以后，清廷仍旧执迷不悟，并不思考如何御敌，甚至想通过罢免林则徐来向英军求和，随即在清政府的无能与懦弱下，林则徐被贬并调离广州，而广州防御战失利后，清政府又将责任归咎于早已离任的林则徐，最终将林则徐革职，遣戍伊犁。

林则徐被贬以后曾致信两江总督，力劝对方购置炮舰、强化水师，但输掉了第一次鸦片战争、被迫签订不平等条约的清朝统治者仍然怀抱侥幸心理，认为懦弱的退让就能换来真正的和平，依旧对林则徐提出的加强海防建设、创建新式船炮、创建水军等真知灼见置若罔闻，丧失了强军的宝贵窗口期。仅仅 14 年后，破坏性和烈度更大的第二次鸦片战争就爆发了，薄弱的海防使中国蒙受了更加严重的损失，也再一次证明了林则徐建立强大的近代化海军的海防思想是多么具有远见。

太平天国运动结束后，深受林则徐和魏源思想影响的洋务派高级官员左宗棠决心重整海防。他依照林则徐建造先进炮舰的思想制定了一套具体实施方案并上奏朝廷，同治帝很快就批准了这个项目，还特别叮嘱左宗棠尽快落实。尽管此时距离林则徐第一次提出该项建议已经过去了 26 年之久，但晚清的中国终于开始了探索建设近代化海军的道路。同时在鸦片战争后，受到“师夷长技以制夷”思想影响的大批洋务派知识分子，开始达成了学习西方先进科技的共识，清政府也开始在政治、经济和军事领域中摸索学习西方制度进行改革，近代海军的摇篮——中国船政的建立也在这场浩浩荡荡的浪潮中获得了发轫的土壤。

（二）左宗棠

左宗棠是中国民族英雄，晚清政治家、军事家，船政的创办者。1812 年 11 月 10 日，左宗棠出生在湖南一个普通的知识分子家庭，早年在父亲的教导下遍读诗书。20 岁时考中了举人，此后 3 次进京会试均名落孙山，于是返回老家做了一名教书先生。他虽然没有通过科举仕进，但能以独到的治国政略闻名于知识分子之中。因为左宗棠饱读诗书，被好友推荐给了时任云贵总督的林则徐。

1850 年 1 月，当林则徐卸任返乡时，特意取道湖南与左宗棠会面，他们的这次重要谈话被后世称为“湘江夜话”。在湘江边，左宗棠与年长 27 岁的林则徐畅谈国内外形势，感叹政治黑暗，探讨寻求救国自强之路的方法。左宗棠深深感佩于林则徐胸怀家国、放眼世界的气度，余生一直把林则徐视为楷模。林则徐也对报有救国强军远大志向的左宗棠大加赞许，并寄托以殷切希望。从此以后，自造船炮、巩固海防的理想就在左宗棠心里深深扎下了根。

或许出于巧合，在这次会面的 16 年后，担任闽浙总督的左宗棠准备在福州建厂造船，而福州正是林则徐的家乡。1866 年 6 月 25 日，左宗棠向清廷递交了四份奏折、一份奏片，正式提议组建船政。他在文件中提出，若要实现中国东南沿海的长治久安，必须建立近代化的海防体系；自主设厂制造蒸汽动力战舰，是提高清军水师战斗力的先决条件。短短二十几天后，清廷就采纳并批复了左宗棠设厂造船的奏请，并且催促他尽快选派精干人员开始工作，务必全面掌握西方蒸汽战船的建造技术。

与 25 年前发出同样请求的林则徐相比，左宗棠的成功并不是幸运使然，而是他长期筹划之后取得的成果。早在 1863 年，他在指挥镇压太平天国运动时就接触到了列强的近代化军舰，开始萌生中国自造蒸汽动力战船的想法。于是，聘请法国洋员德克碑、日意格作为船政监督，并搜集有关近代化军舰制造的各种信息，一面与两位洋顾问深入交换意见，一面认真思考自

左宗棠手绘画像

造蒸汽式舰船的可行性方案。在3年的充分酝酿之后，左宗棠才将计划和盘托出。而此时的清廷也意识到海防的重要性，如果再不组建近代化海军，面对列强的入侵时只会重蹈军事和政治满盘皆输的覆辙。而英法等帝国主义列强也在等待清政府进行海军近代化改革，他们正想借此机会掌握中国海军科技乃至指挥的控制权，向中国兜售武器和机器设备，攫取更多在华利益。正是因为各种内外因素的相互作用，船政自造舰船计划才终于得以启动。

在船政筹建初期，左宗棠遇到了许多外部阻力，不过他还是努力坚持了下来，丝毫没有却步。左宗棠虽然主张俯下身子向西方学习科学技术，但是他是怀着强烈的爱国情怀和报国之志创建船政的，期望中国能在海上抵御西方列强的侵略，展现了中华民族不甘落后的豪迈气概和自强精神。他的目的十分明确，生产和教育两手抓，既要设厂制造船炮，又要培养中国自己的造船和驾船人才。在他的统筹规划中，船政要制定近代化的企业章程和规章制度，培养技术工人，精心打造中国人自己的蒸汽动力战舰；聘请精通造船工业、自然科学和外国语言的国内外专业人才，招收一大批聪颖少年授以造船和驾船技艺，建设中国自己的近代化海军和舰队。

为了平定新疆阿古柏之乱，收复新疆，清廷急令左宗棠赴任陕甘总督，指挥清军作战。左宗棠抓紧离开船政前的最后时间寻找合适的继任者，最终向清政府推荐雷厉风行的前江西巡抚沈葆桢作为首任船政大臣。果然，沈葆桢没有辜负左宗棠的重托，殚精竭虑地操办船政事务。对于船政，左宗棠起着统筹时局、远谋筹划的重要作用，即便远居千里之外的新疆，仍然不忘关心船政的建设情况。中国船政得以奠基，左宗棠功不可没。

（三）沈葆桢

沈葆桢（1820—1879年），原名沈振宗，字幼丹，又字翰宇。汉族，今福建福州人，林则徐的外甥、女婿。晚清政治家、军事家、外交家。中国近代造船、航运、海军建设事业的奠基人之一。

沈葆桢手绘画像

为镇压西北捻军和回民起义，清廷将左宗棠紧急调往陕西指挥清军、收复失地，但是刚刚起步的船政事业需要一位能力出众的继任者，于是左宗棠选择了前江西巡抚沈葆桢接手福建船政。但当时沈葆桢正在福州的家中丁忧守孝，因此左宗棠三次到三坊七巷的宫巷请沈葆桢出山，都被沈葆桢以守孝为由推却。左宗棠只得上书清廷，表示船政大臣一职只有沈葆桢才能胜任，争取到了朝廷的支持。

1866 年 11 月 19 日，沈葆桢接受朝廷的委任，丁忧结束之后就立即赴马尾就任福建船政大臣，总理船政事务，参与规划建设船台和造船工厂车间，并建设船政学堂，培训造船和驾船人才。沈葆桢刚刚接任船政时并不熟悉海船和近代化造船工业，在筹建福建船政时又接连遇到村民抵制、经费不足等困难，但他以认真负责的工作态度和雷霆手段解决了这些棘手的问题，并在他任职期间为中国培养出了第一批工程技术人才，还向清军水师输送了大量的海军指挥和制造技术人才。在他的努力下，清朝先后派出几批船政学堂培养出的优秀毕业生留学欧洲，这些学生学成回国后被分配到清军各大水师担任要职，为我国近代化海军建设做出了杰出的贡献。在船政事业上，沈葆桢坚持主权在我的原则，虽然高薪雇用了大量的外籍教师和洋匠洋员，但在主权问题上寸步不让，敢于开除闹事的洋人，维护了中国人的民族尊严。在他的领导下，船政自行建造了中国第一艘蒸汽机轮船“万年清”，还组编了一支装备铁甲钢炮的水师舰队，在5年内16艘舰船完工下水，基本完成船政初期拟定下来的建设目标。也正是沈葆桢这种极其强烈的工作责任感，使得他面对国内外各种力量的干预时从不退却，带领船政克服种种困难，在中国近代化工业的道路上砥砺前行，并建立了中国近代第一支海军舰队——船政水师，改变了近代中国海军武器装备长期落后于西方的被动局面，因此沈葆桢是当之无愧的船政缔造者和重要组织者。

（四）日意格

1835年，日意格出生于法国港城洛里昂一个平民家庭，成年后加入法国海军，成为一名低级军官。1865年起，左宗棠聘任日意格为中国船政总监督，帮助规划和营建中国船政建筑。在任期间，日意格严格管理各项工作，热心服务，踏实工作，帮助中国船政在5年内建造出16艘舰船，并主动联系法国和英国的海军学院，协助推进船政学员出国学习的项目，为中国第一批船政学员出国留学作出了突出贡献。

日意格早年参加了法国海军，凭军功升任上尉。第二次鸦片战争期间，随法国海军来华。1861年入职中国海关，日意格精通法、中、英三国语言。1862年清政府决定向英法“借师助剿”镇压太平天国运动，左宗棠成为日意格上司，二人便是在此期间熟识了起来。日意格与其他虎视眈眈的洋人略有区别，他是一个愿意与中国人合作、反对侵略或者敌视中国的法国人，并且十分反对传教士在中国获得过多的权力。于是，在1864年左宗棠决定创办中国船政时，邀请日意格和同为法国海军军官的德克碑一起商议办理船政的事宜，两个法国人开始积极为船政事业出谋划策。1866年，左宗棠邀请日意格来到福州，两人亲身考察了闽江下游沿岸地区，择定福州马尾为船政选址。地址确定后，日意格、德克碑和左宗棠就造船的细节和关键问题拟定了船政的规章制度、建立工厂、制造战船、购买机器、人才培养、雇佣员匠、运行经费与合同工期等诸多内容，并在多次磋商之后达成了一致，最终决定由拟定具体计划的日意格亲自监督执行。

日意格手绘画像

船政正式成立后，日意格担任首任正监督，认真主持完成了以下任务：第一，兴建船厂，远赴欧洲购买先进机器设备及相关材料；第二，创办船政学堂，培养船政学堂的驾驶和制造人才；第三，聘请洋员、洋匠教授中国学生外语、航海技术以及制造技术；第四，监造船槽，用于修理船舶；第五，兴建铁厂，用钢铁武装船舰和大炮。

左宗棠和日意格在劳动聘用协议上规定到：日意格为福建船政工作的高薪报酬由福建船政支付，船政主权归中国，但后续的管理和建设都由日意格指导和规划。自此日意格得到清廷的重用和信任，并在沈葆桢接手船政后依旧认真执行监督任务和合约内容，做事公正、赏罚分明，不仅在规定期限内完成了造船任务，监督洋员洋匠向船政学员传授技术，而且在船政建设过程中所经手的采购、募工、发包工程等经费都能核对无误。最后，日意格由于工作出色，在五年合同期满后仍被留任船政，继续为中国的近代海军建设和造船技术的发展发挥积极作用。

第二章 船政学堂建筑

一、船政学堂建筑概况

（一）船政学堂的创建

中国从汉代到清代近两千年的封建王朝历史中，大一统的中央政府一直尊奉儒家学说为国家意识形态。历经千年的封建王朝变迁后，科举考试已经成为禁锢知识分子的思想枷锁，逐渐僵化的人才选拔制度让中国的科学技术发展落后于世界的脚步。清朝初年，西方疯狂发展蒸汽动力进行工业革命，而中国的作坊里仍旧依赖人畜或自然力作为动力来源，整个社会的生产技术和生产力极其低下。正是在这样的时代背景下，逐步走向衰败的旧中国迫切需要汲取新养分来打破落后挨打的困局，于是船政学堂便成了破局的关键。

在“师夷长技以制夷”的思想指导下，左宗棠和沈葆桢达成了共识，认为船政不仅要保质保量地完成舰船生产计划，更重要的任务是变革独尊儒学的教育体制，向欧美国家学习先进的造船科技和海军技战术，培养掌握相关技术的近代化海军工程与军事人才。在以上构想的指导下，船政成为中国近代史上第一座近代化海军兵工厂兼工程与指挥学校，同时这也是洋务派第一次经过长期筹划、深入调查、认真选址、制定规划之后建成的综合性近代化工业项目。

船政学堂搬迁至马尾后，最初只有前、后学堂两所教学机构，后来根据工厂规模的扩大和生产需要逐渐增加教学机构。除了原有的制造学堂、驾驶学堂，到1875年又新增了绘事学堂、艺圃学堂、管轮学堂、练船学堂、匠首学堂和电报学堂，共计8所学堂，学员达到400多人。船政附设了大批学堂建筑，几乎占到全部建筑面积的一半。从学堂创办之日起，马尾船政就不再是传统意义上的造船工厂了，而是加入了系统的船舶工程及海军军事、航海教育的近代化工业制造与教育研究综合体，对中国最终建成近代化的海军具有划时代的意义。

（二）船政学堂的历史沿革

1871年11月，因洋教习逊顺故意刁难学生，后学堂学生示威抵制逊顺。沈葆桢公正处理了这个争议性问题，按照合同规定开除了逊顺。

1875年，船政学堂派出第一批留学生，由日意格领队，挑选前、后学堂学习成绩优异的5名学生到法国学习。

1877年，派出首批正式留学生35人，分别到英法两国学习。

1881年，派出第二批正式留学生10人赴英法两国学习，其中包含中国最早的工程学留学生。

1884年，中法战争爆发，法国军舰侵入马尾地区，攻击停泊在马江江面的福建水师，炮击并纵兵洗劫了船政，部分学堂建筑和教学设备遭受损失。

1886年，派遣20名留学生到英法两国学习。

1913年10月，前、后学堂分别改名为福州制造学校和福州海军学校，由民国海军部直接管理。

1917年，前、后学堂均因年久失修而面临倒塌的风险，由海军部拨款改建。1920年完工。

1926年，原前、后学堂与飞潜学校合并，称海军学校。

1933年，福建事变爆发，海军学校迁往南京。1934年，福建事态平息，海军学校迁回马尾。

1937年，抗战爆发，海军学校先迁鼓山涌泉寺，次年6月继迁湖南湘潭，10 月自湘潭移迁贵州桐梓。

1945 年，抗战胜利后，迁至重庆。

1946 年，民国海军部被解散，海军学校因此停办。

船政学堂的运行时间长达 40 余年，共有 637 名学员学成毕业，其中前学堂招收了 8 届学生，180 人毕业；后学堂招收 19 届学生，247 人毕业；管轮学堂招收 14 届学生，210 人毕业。整个教学楼建筑群包括：中国最早的科技学校制造学堂——前学堂，最早的近代军校后学堂——驾驶学堂，最早的技工学校——求是堂艺圃，最早的设计院——绘事院。此外，船政学堂还是我国第一次成功派遣留学生的近代教育机构，对中国近代工业、建筑、军事、教育、科技、民主运动、航空等领域均产生了重要影响。

（三）船政学堂的教育成就

船政学堂开始办学以后，实现了许多中国近代教育史上的“零的突破”，在教学实践当中形成了自己的办学特色，对后来的中国近代化教育改革产生了深远影响。

第一，船政学堂是中国第一所近代化海军军事学校，也是中国有史以来第一所海军教育培训机构，开创了中国近代海军指挥和船舶工程专业学生赴欧洲留学、学习西方先进科学技术的先河。

第二，船政学堂是第一个在中国本土探索中西合璧近代化教育体系的国家级教育机构，第一次把西方自然科学、军事技术课程和传统儒学教育结合到一起。前、后学堂开设的理学课程有几何、算术、微积分、天文和地理，同时也开设了英语和法语课程，方便他们与外国教习沟通。各专业设置了不同的专业课程，工程学课程有蒸汽机制造和设计课，驾驶专业设置了航海驾驶等技能课程，都十分强调通过实习掌握知识与技能。艺圃学堂是中国近代第一个技工学校，把生产与教学紧密结合在一起，技工教育培训从此成为船政造船工业体系中不可分割的一部分，培养了一大批技术型人才。

船政学堂在教授知识技能的同时加强学生道德教育，加入儒学必修课，让学生牢记自己的文化之根，为学成之后的为国服务打下了思想基础。船政驾驶班的毕业生后来基本都成为船政、南洋、北洋三大水师主力舰船的舰长，主要参加过中法马江和中日甲午两场大海战。虽然清军在这两次战役中全部落败，船政和北洋水师几乎全军覆没，但是船政后学堂的毕业生们恪尽职守，不惜代价与强敌奋战到底的精神令人钦佩。

船政学堂毕业的海军将领们在历次保家卫国的战争中英勇作战、前赴后继。1884年马江海战中，“福胜”号管带叶琛面对炮火重伤不退，壮烈牺牲；“福星”号管架陈英临危不惧指挥作战，最终倒在瞭望台上。1894年黄海战役，邓世昌、黄建勋舍生取义抵抗日舰侵略，以惨烈的代价完成了护航任务。1895年威海卫保卫战，刘步蟾坚守岗位拒绝投降，最终在绝境中凿沉战舰殉国。而这些铮铮铁骨为国捐躯的英雄人物，全部来自马尾船政学堂。中日甲午战争结束后，虽然船政驾驶学堂的毕业生几乎凋零殆尽，但是这些英勇奋战、宁死不坠民族之志的船政学子们，无一不证明了船政学堂的爱国主义教育和职业责任感教育有多么成功。

第二，择优录取学生。船政秉持实事求是的态度，择优选拔有良好道德和中国文化素养的学生，虽然入学时不要求学生具备西学基础，但在入学后规定了末位淘汰制度，并且在培养过程中非常重视学生对西学基础知识的学习，强调端正的学习态度，确保学生们能够潜心学习技术和技能，在学业上持续进步。因此在这种“优选优培”的教育方针下，船政学堂人才辈出，绝大多数人都在我国的航海军事领域内取得了非凡的成就。

第四，严格教学管理，将教学工作规范化、制度化，严格把关教

定光寺

校校舍。定光寺僧侣每日进行早课、晚课之时，带有福州方言味道的英文诵读声和寺庙中和尚的念经声混杂交错，在古寺的上空回荡。为了安置造船专业的学生，船政还在福州城外的亚伯尔顺洋房借房开课。仙塔街和亚伯尔顺洋房校舍的具体情况不详。

1867 年 6 月 6 日，求是堂艺局自福州迁往马尾。

建筑形态

定光寺是典型福建地区装饰风格的宫殿式建筑寺庙，寺庙既无山门也无牌匾，左右为华封堂、方丈室、客厅、僧舍，全寺以廊道相串联，寺内三座大殿均为重檐歇山顶式，正脊两端龙头起翘，雕梁画栋，美轮美奂。

2. 前、后学堂

建筑功能

1867 年 6 月 8 日，位于福州马尾的近代第一所科学技术高等学院——船政前学堂和后学堂开始正式上课。前学堂由法国工程师讲授高级制造、轮机生产、轮船组装等内容；因用法语授课，主要培养船舶制造专业人才，也被称为法文学堂或制造学堂。后学堂由英国海军军官讲授驾驶、航海技术，培养海军指挥人才，故称为英文学堂或驾驶学堂。两座学堂设置的课程包括几何、代数、微积分等在内的数学；以力学为主的物理学；涉及船舶制造的机械制图与机械工程学、化学、

前学堂

后学堂

船体设计、蒸汽机制造等。前、后学堂的教育既注重知识传授，更关注技能培养，学生需要参加工作实习，在实践中掌握科学原理和技术知识。学堂还十分重视德育，将皇帝训谕和《孝经》等儒学著作指定为必修内容，西学就此与中国教育体系相互融合。

建筑沿革

马尾船政学堂校舍建成以后，求是堂艺局于 1867 年 6 月 6 日从福州迁往马尾，两天后正式投入使用。马尾船政新校区由 2 座新的教学楼和 60 余间宿舍组成，原址在船政东侧教学区，北倚船政衙门，南端与艺圃相邻。按照它们与福建船政衙门的距离加以区别，较近的教学楼称为前学堂，距离较远的称为后学堂。

1877 年，派出留欧学生赴英国和法国分别学习海军指挥和舰船制造。

1881 年 8 月 26 日，台风袭击马尾。前、后学堂均因风灾受损，灾后重建修复。

1913 年，前学堂改组为福州制造学校，后学堂改组为福州海军学校，成为民国海军部的下属机构。

1926 年，原前、后学堂与艺圃合并组成福州海军学校。

1931 年，更名为海军学校。抗日战争期间毁于日寇之手，1946 年停办。

2013 年 10 月 15 日，福建前、后学堂复建奠基开工。2015 年 9 月验收完工。2016 年 11 月 1 日，对外开放。

建筑形态

前学堂和后学堂的空间布局基本相同。从建筑平面上看，两个建筑群的西侧都有一栋教学楼、办公楼；东侧则是一排呈凹字形的建筑物作为学生宿舍；两座建筑之间的空地是学堂操场。教学楼、办公楼为砖木结构券廊式两层建筑，面阔七间、进深六间，建筑平面空间近似正方形。建筑内部的地面比室外地面高四级台阶。四坡面尖顶，以小青瓦覆盖屋面，檐口作线脚，女儿墙很短。

宿舍楼是两层外廊式建筑，单间宿舍，东侧有小枝屋突出，原来可能作为食堂使用。宿舍楼南北两段向教学楼、办公楼方向延伸，以空廊与后者相连。宿舍由抬梁穿斗结合式的木屋架组成承重框架，粉墙露木，外立面使用板条抹灰建成。

3. 绘事学堂

建筑功能

沈葆桢设立绘事院的目的是培养称职的绘图和设计人员，能够设计并绘制出机器或者轮船所需要的图纸。在此之前，制图设计过程是由法国工程师们在车间里完成的，并没有固定的工作地点和传授制图法的地点，但自从有了绘事院，所有的制图工作都在绘事院先期进行。绘事院主要教授两类设计图，一种是舰船设计图，另一种为机器设计图。

具体来说，绘事院的学生要学会绘制船身、船机、锅炉以及镶配的合图、分图，可以根据画成的设计图制造和改造工业产品，学员们除了会画图，还要学会测绘和测算。绘事院初期的设计和绘画图纸是和原机器零部件保持大小一致的，还需要使用不同的颜色标注所使用的材料，但是这种方法在设计大型机器时会由于图纸尺寸过大而难于绘就。十九世纪后期，船政引入了标明比例的黑白图纸，使大型机器设计图纸的绘制难度降低了许多。绘图学员只要标明比例大小，施工和制造的师傅就可以制造出一比一的机器或配件，这是绘图和设计方面的一大进步，最后绘事院再从各个车间中挑选资质较好的工人，进行识图训练，确保工人能看懂蒸汽机或者船体设计图纸，照图施工，以此实现设计端与施工端工作的顺利对接。

绘事学堂的专业课程学习时间为三年，设置有法语、算术、几何、几何作图、微积分、透视原理、船体机器绘事概要等科目，还专门设置了一门完整的 150 马力船用蒸汽机结构的实习课，同时依照船政的计划，需要制造 7 台主机安装在新造的船舰上，因此绘事学堂的学员们认真考察和研究了很多蒸汽发动机和机器设备，在实践中不断学习成长，最终实现了预期目标。

建筑沿革

1867 年，日意格建议建立一个专门教授设计图纸画法的学堂，沈葆桢予以采纳，于 1867 年 12 月 1 日建立绘事院，也称画馆。1867 年 12 月 26 日，绘事院招收学徒。第一期招收 39 名学徒为绘图技工，学习机器图、船图、船体、机器绘算概要等科目，学制为三年。

1912 年，绘事院更名为船政局图算所。

1916 年，因经费不足而停办。抗战期间遭破坏后只剩四壁，后修复。

建筑形态

绘事学堂和绘事院同在一座位于两座轮机车间之间的两层西式建

筑中，单层建筑面积为1689平方米。一楼建成宽阔的车间样式，中间由坚固的钢铁架撑起，以托起沉重的轮船机器，被用来当成轮机车间。二楼是宽敞的绘图教室兼工程制图室，宽大的法式长方形圆拱顶栖木琉璃窗户，让绘图教室格外雅致明亮。这批栖木是船政总监工叶文澜从印尼购买的坚硬的造船木材，木质坚硬不易变形，并能防腐抗衰，虽经历战火纷飞的年代，在江边潮湿的环境中风吹日晒，仍然华丽无比。

绘事院经历过各种战争的洗礼后，仍然坚如磐石地矗立于马尾船政的中心地带。砌筑外墙用的红砖，都是当年国产自制由厦门采购而来。大门进口处的斜角异型砖，制作精美细致，工艺精湛，施工建造严谨，厂房铸造坚固，俨然如当年的船政人坚贞不屈、坚韧顽强的品质。自此，难免让人扼腕惋惜，如若不是生于政治腐败的乱世，这一代的船政人哪一个不是国家建设不可或缺的中坚力量。

4. 艺圃学堂

建筑功能

1868年2月，在办学和造船过程中，沈葆桢发现了一个很大的问题，船政工厂车间的生产需要很多学徒和技术工人，造船厂需要大量接受过专门培训的技术工人，水师中也缺少懂得熟练操作近代化蒸汽战舰的水手，但是前、后学堂培养的学生却都是高级工程师或者战舰的指挥员，无法匹配上人才缺口。于是在新建学堂没多久后，又创办了艺圃学堂，专门用于培养技术工人，而这就是中国最早的技工学校。

艺圃学堂首期招收学生一百余人，学制五年，这些学生被统一称作艺徒。艺圃的教学非常重视学以致用，文化理论课和实践课的学时做到了一比一，每天在学堂上课和工厂实习的时间各有半天。在这样的教学制度下，生产与学习结合紧密，学生在课堂上学到的劳动技能都能在实践中得到巩固。艺徒完成培训以后，有的直接分配到工厂和舰船上工作，也有一些学业十分突出者被派遣到欧洲留学深造。

艺圃学堂

艺圃学堂成立后，以船舶制造为核心，船政建成了一套比较完整的近代化工业教育体系，培养出的各类人才不仅满足了船政自身造船和海军指挥的需要，而且大大促进了近代中国在舰船工业、飞机制造业、铁路工业等各个领域的发展，为中国近代化企业培养出了第一批技术人才。另有一部分毕业生在军事、文化、科技、外交、经济等领域发挥作用，推动我国造船、飞机、电报电信、电灯电器等近代化工业的蓬勃发展。

建筑沿革

1867 年，艺圃所在建筑落成。

1868 年 2 月 17 日，艺圃学堂成立，招收艺徒 100 多人。

1880 年，由于经费短缺，停办艺圃，原有建筑并入考工所。

1886 年，复办艺圃。

1913 年，更名为福州海军艺术学校。

1917 年 12 月，更名为福州飞潜学校，传授飞机、潜艇和发动机制造技术。

1926 年 5 月，福州飞潜学校并入海军学校。

1928 年，开办航空班，培养飞行员。

1935 年，海军艺术学校停办，改为私立勤工初级机械科职学校。

1937 年，抗战爆发之后转移到鼓山下院上课。

1938 年 6 月，迁到尤溪县，原教学楼、实验室被日军炸毁。

1941 年，迁往将乐高滩。

1944 年，改称商船学校。

1945 年，抗战胜利后迁回马尾。原校和商校合并，改名高航学校。

1952 年，一部分并入福州工业学校，一部分并入集美水产专科学校，还有一部分归并于上海船舶工业学校。

1958 年，马尾船厂在原址建起技工学校，后因“文革”停办。

1979 年，复办后更名为福建船舶技工学校。

1994 年至今，更名为福建省船舶工程技术学校。

建筑形态

艺圃学堂是建在后学堂南侧的中式合院建筑群，外立面统一由白墙封严，墙体与民居建筑的夯土墙类似，内开门窗。合院内的所有房屋均为木结构单层建筑，用小青瓦覆盖屋面。

5. 管轮学堂

建筑功能

设航海管轮专业，培养舰船轮机管理人才，包括总管轮（轮机长）、大管轮、二管轮等，和驾驶学堂的学生一样，管轮学堂的学员既要在学堂上课，又要上舰艇实习。

建筑沿革

管轮学堂校舍在后学堂建筑群，落成于 1867 年夏。参阅后学堂部分。

建筑形态

参阅后学堂部分。

6. 练船学堂

建筑功能

练船学堂实际上并不是陆地上的建筑，而是船政后学堂驾驶专业学员实习的练习舰，提供舰上工作实操演练岗位。目的是为了培养具有实际航海能力的舰长或者船长，即清军水师中的管带、大副等舰船指挥官，毕业时要求能够胜任近海和远洋航行，学制二至三年。

建筑沿革

船政学堂迁回马尾不久，即购买一艘练船供后学堂学生训练使用。1870 年，把自产的“福星”号战舰作为训练舰使用。此后，“万年清”号、“建威”号、“通济”号等自造战舰都曾作为练船。由于船政学员使用过的练船都可以认为是船政练船，所以练船的归属权并不一定属于船政。例如，船政派出留学生期间，刘步蟾等驾驶学堂学生曾在英国战舰上实习，因此这些外国战舰也可以归属于船政练船序列。

建筑形态

船政自产的练船详见第八章“船政工程建筑”。

7. 匠首学堂

建筑功能

1897 年，根据人才培养需要，艺圃学堂被划分为艺徒和匠首两个学堂，学制均为三年，两个学堂的教学方针既有区别又有联系。先由艺徒学堂培训初级技术工人，再选拔技艺优秀的艺徒转入匠首学堂继续深造，将他们培养成为高级匠首或者技师，学业出类拔萃的学员毕业后可以担任监工。匠首学堂设木匠、铁匠、船机、船身四个专业，培养船舶工业各个专门生产领域的技术监工或总监。

建筑沿革

参见艺圃学堂。

建筑形态

参见艺圃学堂。

8. 电报学堂

建筑功能

1876年3月,船政学堂开设电报专业,培养电报技术人员,学制一年。

建筑沿革

参见前、后学堂。

建筑形态

参见前、后学堂。

第三章　船政工业建筑——船政十三厂

一、船政工业建筑概况

(一) 历史沿革

1867 年 9 月，船政正监督日意格从法国返抵马尾，率领外方技术团队与时任船政大臣沈葆桢商定各厂建筑规划布局事宜，厂房建设自此全面展开。经过三年的艰苦努力，船政各主要厂房基本竣工。截至

船政工业建筑群

1870 年，建成的砌砖厂房共七座，大多位于厂区中部的铁工作业区。建成的工业建筑虽然号称“船政十三厂”，但实际上并不止十三座。后来随着舰船制造科技的发展，铁甲舰逐渐取代了木壳铁胁舰，船政厂房设置也增设了用于制造船用金属骨架和铁甲的车间。到了民国初年，经费短缺的福州船政局基本放弃舰船制造业务，转而设立飞机制造工程处，便把部分厂房改建为飞机制造车间，并在这些车间中设计生产了中国第一批水上飞机。由此可见，船政工业建筑的功能不是一成不变的，而是与当时的制造任务和船政经费息息相关，在不同历史时期发挥着不同的生产功能。

1. 初创时期

（1）建厂规划

1866 年 12 月 23 日，船政建筑工程正式破土动工。此时左宗棠已经远赴新疆平叛，日意格与德克碑则在法国办理采购机器设备、雇请洋员等事务，在新任船政大臣就位以前，船政由护理福建巡抚周开锡负责建设工作。船政工业建筑主要为西式建筑，但是当时在马尾的只有一名来自俄罗斯的外籍员工——贝锦达，其余的工匠们并没有掌握相关的建筑技术，因此建筑建设的监督任务就落到了贝锦达的肩上，由他来规划布局工业区，同时监督指导中国施工团队进行建造。在新聘洋员和进口设备陆续抵达之前，船政工程的主要任务是购地并建立基础设施。至 1867 年 2 月 19 日，船政在马尾共购得土地 328 亩，为后续厂区营建提供了宽裕的发挥空间。

船政工程首先开挖了一条人工河，将工业生产区与行政、教育以及生活区隔开，形成了以建筑功能划分区域的布局形态。船政工业建筑区原本是当地农民的田地，土质松软、地面不平，因此船政的首要任务就是组织人员将地面整平以用作建筑基地。同时，因为船厂所处的位置地势较低，易受洪水灾害侵袭，所以需要在原地上加垫土层以抬高造船作业区的位置，但基地土质湿软，填土干燥后体积收缩会导致垫土层位置降低，所以垫高基地的过程要反复进行，最终填土厚度约为 1.6 米。此外，濒临闽江的船厂基址承受江水的冲击力较大，为防止江岸被激流摧毁，工人们沿江设置密集的木桩用来加固岸基，不过这个加固工程并没有解决江水冲击的问题，直到 1868 年 1 月和 6 月，船台附近的江岸两次被风浪冲垮后，船政才采取导引分流和建造石堤相结合的方案彻底地解决了岸线坍塌难题，而船政工业建筑营建也正式拉开了帷幕。

按照船政的计划，船政头两艘自造舰船上使用的是法国进口的蒸汽机和锅炉，因此在设备还未抵达之前就要先建造符合船体大小需求的船台，然后建造船体，最后待设备到位后再组装轮船。根据贝锦达的规划，船政计划在滨江一带建设船台，因为此处是船政用地的中部，能够缩短原料和配件运输的距离，从而加快造船的速度。但是在 1867 年秋，就在厂区中央的船台刚刚筑起半月形的土台时，抵达马尾不久的首任船政总监工达士博立马叫停建设。达士博作为法国罗什福尔前造船厂的工程师熟知造船的各个流程，意识到如果将铁工车间厂房和采用大量木构件的船体混合设置在同一区域中，火灾爆发的概率就会大大增加。于是达士博重新调整了船厂建筑的布局，将船政的生产厂区分为南北两个部分，在北部的厂区布置船台、木工车间、帆缆厂等涉及较多木工作业的船体制造部门，在南部的厂区布置各类铁工车间，并且在铁工和木工厂区之间留有较大空地以防范火患。此后船政就遵循达士博的总体规划开始了建设，而这一重大调整也对船政工业建筑的后续布局产生了深远影响。

（2）营建厂房

1867 年秋天，百余名工人开始修建船政的第一座船台。工人们先搭建起高大的云梯与桁架，数十名工人在桁架上使用重达四百余千克的大铁锤打桩，把长6—9米的木桩密布于土中作为地基。接着在木桩之上横铺大量枕木，用长约1米、宽约0.12米的巨型铁钉钉成一层，再用相同办法层层加高、连接枕木，最终建成东高西矮的大型船台。整座船台从前到后一共铺设了55摞枕木，其中位于底部与地基相连的枕木最宽，约8米；船台顶部的枕木最窄，约1.6米。

船台总长约为76.8米，东端总高度约5.28米，临江的西端则只有约0.52米，两者高度相差约10倍。根据时任船政大臣沈葆桢的记载，经过三个月连续不断的营建，船政的第一座船台于1867年12月30日正式完工。由于开工建造船台时尚未建设铁工车间，船政在船台旁就近搭建了两座小型铁工车间（即后来船政所称的截铁厂或小铁厂），随时供给船台所需的铁钉等铁构件。

除了建造船台，造船厂各车间厂房的建设也十分重要，而建造用来安置各种大型机器的轮机厂、水缸厂、打铁厂等各铁工车间厂房更是重中之重。铁工厂房多按照西法设计建造，施工前要先确定建筑位置，接着挖掘宽约1.92米、深约1.6米的地基，往地基中密集钉入巨大的木桩，把碎石捣成屑状填平地基，然后在桩基上用方石砌成墙基，最后完成砖瓦梁柱等建筑主体部分。1867年年底开工建设各车间厂房时正值寒冬，船政工地上夯砸地基的响声此起彼伏，甚至能传至数里之外，让冬季的马尾显得热闹非凡。

船政厂房主要是西式建筑，砖石建材则是中外混用，砖瓦用海船运到马尾。建筑墙基所使用的方石块长度从约0.4米到约7.5米不等，仅轮机厂等主要车间就需方石十多万块。虽然船政招募了大批石匠到马尾周边的山中开采方石，但仍供应紧张。这些石匠有时会为了迫使船政高价收购而囤积石料，在缺乏约束时消极怠工，管理严格又会逃避工作，沈葆桢不得不设法笼络牵制他们。就算石匠们已将足量石料运到工地，也需要大量工人移动并裁切修整这些粗重的石材，故无法立即使用。船政还从泉州、厦门等地采购坚固耐磨的西式红砖砌筑厂房墙体，用西式瓦片铺设房顶。因为采制石料、建造地基消耗了不少时间，1868 年夏季才开始建造各车间建筑主体部分，工人们只能头顶烈日艰苦工作。

修建厂房需要大量能够防潮防虫的硬木建材，仅主要厂房就需要长约 23 米的房梁木料 160 根左右，因此采购适合制作房梁和房柱的木料就成了另一个难题。同时福建周边地区多出产的是质地较软的杉木，临近的台湾深山中的硬质樟木又很难大规模砍伐运出，无奈之下，船政就只能重金进口南洋出产的柚木，而原本计划使用大直径木材作为厂房立柱，后来也因为难以购得，改由小铁厂自铸铁制房柱，每根仅自重就达到了 2.5 吨，安装起来费时费力。

在以上各种难题的困扰下，船政车间厂房的建筑施工进度较为缓慢，在法国进口的机器和物料全部运到马尾时，才建好一座船台和一座木工车间，主要铁工厂房尚未建成。

为了按时完成造船任务，船政开始使用船台附近的截铁厂制造船体所需的小型铁件，直到 1870 年秋，船政造船厂才终于大致落成，共建成拉铁厂、锤铁厂、铸铁厂、轮机厂、合拢厂、钟表厂、木模厂、铜厂、帆缆厂、造船厂、锯木厂、水缸厂等 13 个主要工业生产机构，号称“船政十三厂”。各车间分别安装了大量机器，使船政具备了制造船身及其配件、组装船用机器设备和舰船舾装能力。

2. 晚清沿革

（1）督办船政大臣时期

沈葆桢主持船政期间，与造船相关的船政工业建筑基本落成，此时的船政主要是生产纯木质船身的木胁木壳蒸汽动力战舰。其中舰船的“胁”是指龙骨等支撑船体结构的基础性框架，体积庞大。随着后期军事工业的进步和战事升级，海战中对战舰防护性能的要求越来越高，铁胁铁壳替代原先的木质船身逐渐成为世界主要海上强国的造舰新潮流。船政从 1874 年开始规划转型生产铁胁铁壳战舰，技术和设备的更新也势在必行。但由于船政早期只造木胁战舰，铁工车间只用于生产木船构建，因此建筑空间较小无法满足打造船身的需求，生产设备也跟不上突然大幅提高的生产需求，因此为了加快提升船政造舰能力、增强军事实力，首任督办船政大臣丁日昌甫一到任，就立刻与沈葆桢商讨修建专用铁胁厂。

在最初的商讨中船政是预计在厂区内闲置的地块修建铁胁厂，但是实在找不到空闲之处，便将已经倾斜受损的截铁厂与打铁厂拆除合并重建为铁胁厂。在吴赞臣主持下，铁胁厂工程 1875 年底开工，1876 年春末夏初建成，车间的梁柱全部使用南洋进口的全新木料。为了给钻床和剪床等新机器提供充足动力，还扩建了铁胁厂附属的锅炉房，延长了烟囱。在铁胁厂的加持下，船政自第二号铁胁炮舰起，就全都用上了自产的铁胁。

1881 年 8 月 26 日，一场罕见的强台风突然袭击了马尾，一时间疾风怒号、暴雨如注。船政工业建筑基本都遭受了洪水浸泡，造成了大量损失，灾情十分严重。轮机厂的仓库全部被吹倒，料件仓库墙壁坍塌，截铁厂屋瓦几乎全被大风吹落，拉铁厂仓库的瓦盖几乎被风吹走一半，水缸厂附属的铁仓库全都倾倒，杂料房、家伙房、铜栈房的瓦片大量损坏，水龙房倒塌，铁胁厂仓库的瓦片损失大半，炮厂遭受水淹，整座砖灰厂炼铁亭被风吹塌，铸铁厂、皮厂、船厂、帆缆厂、船台、船亭、木料亭、模房、辘饼房、舢板厂等建筑以及火药库围墙受损，所幸船政工人和机器设备都完好无损，造舰工程未受太大影响。船政在灾后修复厂房时进行了扩建、加固等改造，重点整修了铁船槽及其附属的机器房，以满足船只维修的需要。

从天后宫俯瞰船政工业建筑群

船政的两座船台最初只有 76.8 米长，无法同时建造两艘长达 83 米的“开济”级撞击巡洋舰。为此，黎兆棠主持维修，加固并扩建了一号船台用于建造“开济”号船身，又在附近新建了一座大型放样车间，满足用设计图纸进行 1∶1 放样的需要。1883 年，船政还为扩建后的二号船台配套修建了一座等比例放样车间，并为铸铁厂和铁胁厂添置机器设备。

1884 年初，何如璋提出了“添机扩厂”和“购造船坞”的计划。“添机扩厂”计划是为了应对建造大型舰船时机器数量不足的问题，如“开济”级巡洋舰的规模比铁胁炮舰大得多，铁胁厂的建筑空间和生产设备无法满足生产要求，船政就不得不从欧洲定购大量巡洋舰所需的大型钢铁构件，这样既减慢了施工速度，又背离了船政自造舰船的初衷。因此，何如璋计划为拉铁厂添置一批机器，再新建一座机器房为拉铁厂的机器提供动力，还准备营建专门的战舰装甲制造车间。“购造船坞”计划则是因为“开济”级巡洋舰的排水量高达 2200 吨，逼近铁船槽 2500 吨的安全承载极限，无法通过铁船槽对“开济”号进行离水维护作业，所以船政准备购入附近的英商天裕船坞并加以扩建。然而上述雄心勃勃的扩建计划还未实施，就因中法战争爆发而被迫中断了。

（2）署理船政大臣时期

船政在创设之初并没有解决好经费来源的问题，又因为坚持不涉足盈利性的商船建造工程的管理理念，导致经费不足的问题越来越突出，但即便是在这样的困境下，船政还是取得了一些建设成果。

裴荫森到任后为大部分厂房装配了电灯，并新建一座以蒸汽动力为主的发电机房，即便是在夜晚也能建造战舰。此外，船政当时的建筑用地十分紧缺，船厂内烟囱林立、车间密布，船台也从原先的露天式改建成了带有顶棚的半封闭形态，船政衙门大门前的空地都建起了厂房。在这种情况下，铁工与木工车间相互混列的格局已不可避免，加之厂区中新建了鱼雷厂、水雷所和储炮厂等存放着易燃易爆物品的建筑，产生了不少火灾隐患。因此，船政在生产厂区安装了两座化学灭火泵和一座普通水泵作为消防设施，以满足防火的需要。

在新建的车间厂房中，鱼雷厂对船政的舰载武器研制事业具有十分重要的意义。1885 年 10 月，前署理船政大臣张佩纶向德国订造的 10 枚鱼雷运抵船政交付，裴荫森便下令新建厂房用于装配和保养这批鱼雷，并准备着手仿造鱼雷和鱼雷艇。1886 年 7 月 2 日，鱼雷厂车间建成，专门研制鱼雷。此后，又从德国进口了制造鱼雷战斗部必备的空气压缩机等机器，为船政自产鱼雷奠定了设备基础。船政还进行了工业区附属建筑的建设工程，开建青洲船坞、建造护厂炮台，逐步增强修理、维护舰船和武装保卫厂区的能力。

与上述建设成果形成鲜明反差的是船政经费困境一直没有得到解决，甚至窘迫到了不得不合并或关停部分旧有车间以维持机构运转的地步。1867 年船政设立过的厂、所等机构共计 30 个，到了 1890 年正月，具有生产车间性质的部门被撤并后就只剩下 11 个了，分别为船厂、铁胁厂、轮机厂、铸铁厂、水缸厂、小轮机厂、拉铁厂、模厂、帆缆厂、砖灰厂、鱼雷厂等。

（3）兼管、兼充船政大臣时期

这一时期船政经费紧缺的问题加剧，但是在法国工程师杜业尔及其外国技术团队的帮助下，船政依旧获得了一系列工业建设成果。

杜业尔在了解船政的厂区设置后，建议修缮车间并增设机器，其中的两项重点工程就是改造铁胁车间和新设镀锌车间。杜业尔来华时，船政铁胁厂已投入运行近 20 年。由于铁胁厂使用木制梁柱材料，这些木架都因年久失修发生了一定程度的倾斜，厂房急需维修。经过考虑，他决定拆除旧铁胁车间，并在原址重建铁胁厂，用自产的铁梁架代替木架，又在车间内加砌 14 座打铁炉投入生产。从旧铁胁厂拆下的木质建材也继续发挥作用，用于新建镀铅厂车间。锌在古时也被称为白铅，所谓的“镀铅”就是指镀锌，所以船政的镀铅厂实际上是一座镀锌车间。镀锌是十九世纪中叶之后流行起来的钢铁防腐工艺，也是建造鱼雷艇的一项重要基础性技术。镀铅厂使船政具备了自主加工镀锌钢铁配件的能力，为顺利建造二等鱼雷艇“建翼”号提供了保障。

1899 年，船政新建起一座西式机器房，配备 130 马力蒸汽机和锅炉带动发电机发电，加强了生产厂区的电力供给。1906 年，总监工洋员柏奥镗还主持改造了船政的起重码头——铁水坪。铁水坪最初是铁木混合结构，大量木架板柱因长期缺乏维护而腐朽损坏，维修时换装了一座蒸汽动力折倒式起重吊臂，并建造了附属机器房为吊臂提供动力。

除了推动厂区内的一系列重要建设外，杜业尔还帮助青洲船坞正式投入使用。1896 年，工期长达近 10 年的青洲石船坞工程基本完工，机器房、料件仓库等附属建筑也同时建成。因为坞口处容易淤积，船政又购买了 4 艘工程船舶用于船坞维护，但由于船坞入口水流湍急，通过人力或机器绞拖舰船入坞时存在擦碰船坞坞体的隐患，导致船坞建成后长期无法投入使用。次年，在杜业尔建议下改用拖船拖带舰船出入船坞后才解决了这一难题。

清末，接连遭遇甲午战败与八国联军入侵的清政府背负了巨额战争赔款，船政获得财政拨款愈加困难。为了纾解经费困难，船政在1904年计划购置造币机器，把闲置的鱼雷厂改建为铜元厂，希望以造币业务的盈利贴补船政经费。然而造币业务在闽关铜元局经营失败后产生了亏损，于1907年被清廷勒令关闭，而铜元厂造成的巨额亏损也直接导致船政陷入资金绝境，开展了40年的造船业务因此基本终止。

3. 民国沿革

（1）北洋政府时期

辛亥革命爆发后，福建军政府接管了省属行政及事业机构，将福建船政改组为福州船政局，各工业生产部门仍沿用“厂”“所”加以命名，最后被缩编为9个单位，即轮机厂、锅炉厂（原称“水缸厂”）、铸铁厂、拉铁厂、铁胁厂、帆缆厂、舢板厂、船厂、木模厂。

船政真正开始建造干船坞是在1887年，在福建按察使裴荫森的主持下，船政在马尾罗星山东侧开始建造青洲船坞，该船坞使用花岗岩制成，长130.92米、宽33.53米、深7.6米，是当时远东最大的船坞，供南北舰船维修使用，美国“西能达”夹板船、法国舰船等都曾经在此处维修过。1914年，船政局购入英商天裕洋行建造的天裕船坞后，青洲船坞和新购入的天裕船坞就被改称为一号和二号船坞以便区分，且由船坞处负责管理运营两座船坞和铁船槽。其中，天裕船坞是马尾区域最早的西式木质船坞，是由英商天裕洋行1861年在马尾创建，天裕船坞建于泥地之中，基质松软、规模较小，仅适用于维护排水量低于千吨的舰船。晚清时期，船政曾多次计划并购该船坞，都因报价过高而作罢，直到1893年青洲船政建成投用，导致该船坞业务不断萎缩，最终降价转让给了船政局，成为船政的二号船坞，专门用于小型船舶的维护作业。

1917 年底，福州船政局创建海军飞潜工程，把闲置的鱼雷厂和铜元厂改建为飞潜学校，迈出了厂区转型改造的第一步。次年 1 月，船政局开始组织力量设计制造军用水上飞机，同时利用空地和旧厂房动工建造飞机生产车间，把旧铁胁厂旁的样板厂改为飞机总装厂，在旧铁胁厂与木模厂间的一小片空地上建成一座飞机亭（飞机仓库），又建造了一条飞机入水滑道。此次建设费用合计 1.9 万元，全额从船政局经费中拨给。

1922 年，船政局把原轮机厂附属的大锅炉房改造成电灯厂，配备 150 千瓦和 100 千瓦发电机各一台，产出的电力不仅足够各车间机器和厂区照明设备使用，还能向整个马尾地区输出照明用电。船政局从此进入了电气时代，只有在电力不足时才会重新启用蒸汽动力系统。

（2）南京政府时期

福州船政局于 1925 年成立马尾海军造币厂，在二号船坞附近设厂房自办造币业务，组织本局工人使用没收的商办机器进行生产。1926 年，福州船政局改称海军马尾造船所，运行经费随单位级别的下降而进一步减少，辖下“厂”一级车间部门缩减为 8 个，包括轮机厂、锅炉厂、船厂、铸铁厂、铁胁厂、拉铁厂、帆缆厂和电灯厂。

1928 年，一号船坞因坞口泥沙淤积严重难以使用，马尾造船所不得不启动整修扩建二号船坞工程，支出经费 4.5 万元左右，建成拦水坝进行内部清淤。但由于后续经费不足，开工五年后被迫停止。从 1934 年 3 月开始，马尾造船所每月都能获得整修船坞专项经费三千元，于是重启了二号船坞的钢筋混凝土化扩修工程。在工程筹备期间为了节省开支，马尾造船所搜集了大量废旧钢铁替代钢筋。1935 年春，造船所正式招募工匠开始扩修二号船坞，同时开工自造闸门船，配备电动抽水机，作为船坞的新闸门。但是二号船坞经过常年使用，木质坞体朽坏严重，因此扩修工程基本等同于新建一座干船坞，不仅要扩大坞体、重新打桩夯筑坞基，又要用混凝土重塑坞面、修建配套建筑。这项工程最终于 1936 年 4 月初完成，二号船坞的长度从约 106 米扩展至约 114.3 米，坞口上宽从约 17.67 米延长至 18.59 米，下宽从约 14 米增至约 14.63 米。建成的船坞附属建筑包括工人宿舍、办公室、抽水机房等，并为全坞装配了电灯。

（3）抗战时期

自 1938 年 5 月中旬起，日寇便开始计划侵占福建省会福州，为了防备敌机空袭，马尾造船所轮机车间的大汽笛被指定为马江区的防空警报设施。5 月末，日军开始疯狂轰炸闽江沿线的军事目标，马尾造船所的工业建筑群几乎全都遭到了不同程度的破坏，轮机厂里的大汽笛也被敌机炸坏。为了继续配合闽江保卫战，造船所组织工人在厂区内挖掘防空壕、抢修受损建筑，重新在二号船坞附属锅炉房里安装了防空警报汽笛。1939 年 1 月，马尾造船所开始顶着日寇空袭的巨大压力组织力量转移部分可移动机械设备，此举虽然无法阻止敌人侵占造船所，但能让日军短时间内无法恢复船厂的舰船修造能力。

1941 年 4 月 20 日，日军侵占马尾，造船所随之陷于敌手。船政建筑遭受了前所未有的浩劫，日寇不但大肆洗劫了造船所的机器设备，甚至连车间里的钢柱都不放过。直到 1941 年秋，国民政府军队收复马尾，日寇撤退之前还大肆破坏并焚烧船政建筑，偌大的厂区中只剩下铁工作业区的锅炉厂、轮机厂和绘事院等建筑相对完好。1944 年 10 月，日寇再次侵占马尾，这伙强盗丧心病狂地破坏、焚烧造船所建筑，除了轮机厂与铸铁厂尚存屋架之外，车间、船坞和船槽等设施无一不受到严重摧毁，马尾造船所在纷飞的战火中沦为一片废墟。

（4）新中国成立前夕

1947 年 6 月，国民政府海军总部下令重建马尾造船所，8 月成立马尾造船所筹备处，次年 8 月以恢复电力供应为重点启动了修复工程，有关厂区建筑修复的具体内容如下：修理造船所厂区大门，配套新建传达室一间；修理轮机厂、绘事院建筑与临时工人宿舍；为电灯厂重建烟囱，维修电灯厂的配套锅炉设备；运回战时转移到后方的一百千瓦发电机组并安装于电灯厂，恢复厂区的动力与照明供电；接受并安装日本投降后赔偿的机器设备。此外，马尾造船所还计划修复二号船坞，修理铁胁厂建筑、铁水坪和铁船槽等设施，恢复生产、维修作业必备的硬件设施，但由于国民党反动派在解放战争中节节败退，上述计划并未得到落实。1949 年 8 月 16 日马尾解放，福州军事管制委员会于 9 月接管原海军马尾造船所，船政终于迎来了新生。

（二）空间布局

船政主工业区位于整个船政基地的西北部，西侧濒临闽江，东侧和南侧与管理、教育和生活区相接，船政的主要工业建筑都集中于此。主工业区内的建筑按照生产功能被划入三大区域。厂区西侧濒临闽江的狭长地带为船厂建筑群，承担舰船的组装与维修任务。主厂区的其余地块又划分为两个部分：北部为船身部件制造区，主要完成船身木、铁质构件以及船用家具仪表等设备的制备工作；南部为船用动力装置制造和舰船设计区，舰船的核心构件——蒸汽动力发动机的生产和装配工作在这里完成，也生产各种铁件。

船政工业建筑群

由于船政工业用地十分紧张，主工业区以外也建设了一些工业建筑。例如位于西考工所西侧的冶金厂，以及船政衙门对面的铜元厂。船政还拥有一座辅助厂区，位于马限山东南麓，生产少量砖灰和焦煤。福州地处亚热带季风气候区，夏季刮东南风，冬季刮西北风。前、后学堂建筑与中国工人生活区都位于主工业区的东南方，每年冬季都会受到工业废气的影响。因此，工业区主要排烟建筑都建起了高大的烟囱，以减少对近地面区域空气的污染。

二、船政工业建筑详览

1. 铸铁厂

建筑功能

主要生产各种舰用、轮机用大型铜、铁铸件。

建筑沿革

铸铁厂属于砖结构建筑，1867 年冬开工建设，建成时间不晚于 1870 年 9 月。它是船政的核心生产车间之一，在投产后立即取代小铁厂成为船政的铁器件加工中心。铸铁厂作为船政重要的生产管理单位，从清末到民国一直都在船政“厂”的编制之中，该厂建筑在此期间也始终保留建制。1881 年铸铁厂因台风袭击受损，维修时增加了部分机器设备。该厂在抗战中遭到日军严重破坏，1944 年日寇败退时仅剩屋架，今已不存。

建筑形态

铸铁厂是位于船政铁工厂区最北端的一座车间，它的北边就是木工厂区，南边紧邻着轮机厂。其厂房建筑和水缸厂（锅炉车间）基本相同，从外观上看是单层三跨式车间，即由三座双坡面屋顶的单层厂房组成。铸铁厂东西面阔 11 间，南北进深 16 间，长 80 米，中间是宽 20 米的大厂房，南北两侧是宽 10 米的小厂房，总面积 2400 平方米。该厂以石材奠定基础，以闽南红砌砖筑墙体，用铸铁建造梁柱。三座厂房屋顶均为两坡面，其中位于中央的大厂房在大屋架之上还设有长度略短的小屋架。

2. 轮机厂

建筑功能

制造船用机器配件，组装机器，如生产船用蒸汽机等。

轮机车间剖面图

建筑沿革

轮机厂是两座砖结构建筑，始建于1867年冬。1868年8月中旬已筑成地基，墙基则尚在修建。

1869年6月，基本完成建筑立面并准备安装梁柱和屋面，1870年9月前全面建成。

1884年爆发中法战争，法舰悍然侵入马江，炮击船政诸厂。夹在两座轮机车间中间的绘事院被法军炮弹击中倒塌，轮机车间幸免于难。

1941年和1944年，日寇两次侵占马尾，败退前大肆爆破、焚烧厂房。经过这两次浩劫，原本两座轮机车间仅剩北侧一座尚存。

20世纪60年代，马尾造船厂为轮机车间改善照明条件，在大屋架之上搭建小屋架，再在小屋架上设置天窗，原有的木结构屋架被完整地保存下来。

2001年6月，福建船政建筑群被公布为第五批全国重点文物保护单位，其中包括轮机厂。

2018年，作为“福州船政”的主要遗存之一，轮机厂入选首批中国工业遗产保护名录。

近年来，轮机厂得到了修缮复原，拆除了20世纪60年代架设的天窗。

轮机厂内景

建筑形态

轮机厂占据了铁工厂区的核心位置，与合拢厂在平面空间上组成了一个“凹”字形，中间横向连接部分即为合拢厂，而轮机厂原有的两座车间对称分列于合拢厂南北两侧，如今仅存北侧的一座轮机车间。每座轮机车间东西面阔5间、南北进深16间，长约60米、宽约20米，单体建筑面积1200平方米。轮机车间以船政附近山中开采的花岗岩作为石砌基础，以厦门等地出产的红砖砌筑墙身，墙基处设有围绕建筑一圈的排水沟。这些质地坚实、棱线笔直的红砖烧制十分精良，砖体露于墙面的部分还有一层红釉，能抵御风雨侵蚀、经久不损。厂房中央有两列由船政铸铁厂铸造的大型铸铁立柱，柱身上半部设有天轴支架。建筑顶部结构为双坡顶拼木屋架，中跨约10米，边跨约5米，在木板之上铺设瓦片。北侧车间屋顶南坡的东端设有一个排烟口，南侧车间大屋架之上还设有长宽度略短的小屋架。山墙十分厚实，墙上不设倚柱，南北向墙体的厚度比东西向墙体的薄一些。在屋架下方砌大砖柱以满足承重要求，大砖柱上还设置贯通墙体的铸铁支架，这些支架在外墙立面呈现为一块块以大铁螺丝固定的“工”字形铸铁，彰显了轮机车间硬朗的工业建筑气质。

轮机车间透视图

轮机车间立面图

两座轮机车间之间的空地上还建有一座四坡面屋顶的红砖大锅炉房，该建筑内安装了大型舰用锅炉，其作用是在测试组装完成的蒸汽机时提供蒸汽动力。锅炉房的砖制烟囱十分高大显眼，使其成为船政厂区的重要标志性建筑。日寇两次侵占对大锅炉房进行了毁灭性破坏，该建筑目前仅北侧残存红砖外墙一段。

3．合拢厂及绘事院

建筑功能

在两座轮机厂之间有一座建筑平面为正方形、占地 800 平方米的两层建筑。位于一楼的合拢厂是机器试验场所，轮机厂生产的机器部件需要在这里做合拢试验。二楼的绘事院是中国第一所近代化设计机构，供工程师绘制机器图样，在清代的官方文件中通常被称为“画楼”。

建筑沿革

合拢厂是砖结构建筑，于1867年冬动工兴建，建成时间不晚于1870年9月。

在1884年中法马江海战中，合拢厂二楼的绘事院被法舰炮弹击中倒塌，次年修复。

合拢厂及绘事院外立面

抗战时期经过日军两次劫掠、破坏，合拢厂仅存四壁。抗战胜利后，海军马尾造船所修复合拢厂和绘事院。

1986年，绘事院改为马尾造船厂的“厂史陈列室”。

2001年6月，合拢厂和绘事院作为福建船政建筑群的组成部分，被公布为第五批全国重点文物保护单位。

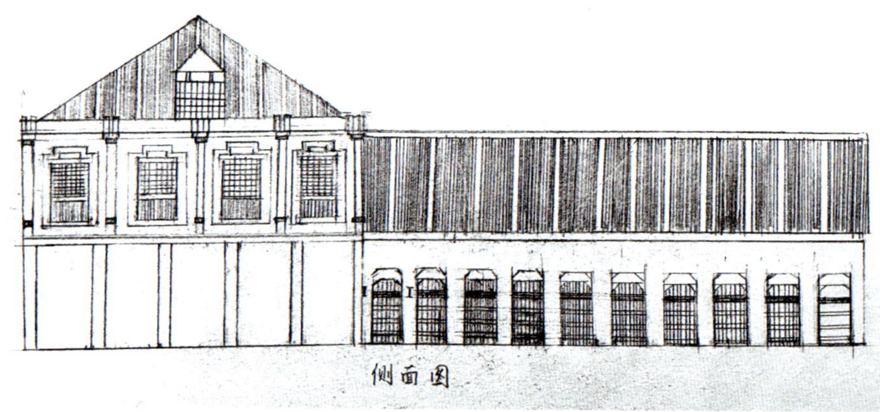

绘事院、合拢厂与轮机厂侧视图

2018 年，绘事院作为“福州船政”的主要遗存之一入选首批中国工业遗产保护名录。

建筑形态

合拢厂和绘事院旧址夹在两座轮机车间之间，面阔进深各有七间，是一座建筑平面为正方形的两层红砖建筑。整座车间具有新古典主义式建筑风格，一二层之间有比较复杂的叠涩线脚。绘事院立面有突出的方形壁柱，虽然突起的程度很小，但造型简洁的柱头与柱础却是一应俱全，壁柱之间是窗顶微拱的竖向长窗。大门位于一层中央开间，尺寸略大于长窗。厂房上配有四坡面屋顶，四面檐口都设置了女儿墙，女儿墙上还设有突出于墙体的成对的短柱。原楼梯位置已无从考究，现存的铁制楼梯位于原南侧轮机厂遗址上，为抗战后建造。

4. 水缸厂（锅炉车间）

建筑功能

蒸汽机的动力来源于锅炉，由于锅炉的工作原理近似于烧开水，人们就把锅炉称作“水缸”，船政的锅炉车间也因此被称为水缸厂。该厂主要生产船用锅炉，也制造烟筒、水管、烟管、汽表和方向盘等船舶配件。

建筑沿革

1867 年冬开工建设，建成时间不晚于 1870 年 9 月。

1881 年 8 月，台风侵袭导致水缸厂铁仓库全都倾倒。

抗战时期经过日军两次劫掠、破坏，水缸厂被毁，今已不存。

新中国成立后，马尾造船厂在水缸厂旧址上新建了一座三千吨级船台。

1973 年，建成当时世界上最大的钢丝网水泥质货船“古田”号。

建筑形态

水缸厂是铁工厂区最南侧的一座砖结构建筑，建筑形态为单层三跨式，与铸铁厂的造型十分相似。该厂在石基上以红砖砌成墙体，使用铸铁梁柱承重，具有两坡面屋顶。建筑总长 80 米，中央的大车间宽 20 米，南北两边各有一座宽 10 米的小车间，总面积达 2400 平方米。

5. 帆缆厂、桅舵厂、舢板厂

建筑功能

19 世纪的蒸汽动力舰船上都配备了救生艇，也保留了风帆以应对燃料短缺的情况。晚清时期的中国并不生产上述船用设备，海外订造或直接进口又会延长舰船制造周期，于是船政专门设立了帆缆、桅舵和舢板车间，购置机器以便自产这类用具。清代船政帆缆厂作为生产机构还兼管炮厂，负责装卸重型设备器件与查验收储炮械武器。民国时期改为纯手工制作帆缆。

帆缆厂、桅舵厂、舢板厂（近景）

建筑沿革

帆缆厂属于砖结构建筑，1867 年末开工，1868 年初建成石质地基，1870 年建成。

1881 年，台风袭击导致帆缆厂建筑受损。在日寇两次侵占马尾时期被毁。

建筑形态

19 世纪 70 年代的船政老照片里，在铁工作业三大厂房（铸铁厂、轮机厂和水缸厂）的东侧有两排矮小的建筑，东边稍高些的一排砖结构建筑即为帆缆厂，占地 1718.65 平方米。在 1872 年日意格绘制的船政规划图里，这座一体式建筑的北 2/3 被标记为“绳缆帆篷工厂”，南 1/3 标记为“仓库”。而在 1874 年的地图里，这座建筑被标记为“小艇与桅材工厂”。

1870 年船政厂区建成之时，舢板厂原本位于铁水坪附近，后来帆缆、桅舵、舢板三个车间被集中于同一建筑。虽然日意格地图中的帆缆三厂是一座修长的贯通式建筑，但在老照片里，这三座配件厂与仓库是分开的两组平行建筑，且仓库比地图所示位置更靠东一些。

帆缆三厂建筑主体是由一组宽度不等但相互贯通的车间拼接组成的，中央主厂房的东西两侧还紧贴着几座矮小些的附属厂房。从南侧看，可能是出于厂房采光与通风的考虑，该车间墙面与屋顶之间留有明显的空隙，并没有用墙面加以围合。

6．储炮厂

建筑功能

储炮厂实际上不属于生产单位，而是一座小型军火仓库，专门收储舰用炮械、炮弹、鱼雷等各种武器，清代设置看守 2 名。

建筑沿革

建筑建成时间不晚于 1870 年 9 月，抗战时期毁于日寇之手。

建筑形态

该建筑位于帆缆厂东南侧，与帆缆厂造型相近，但建筑高度要低一些，占地面积 191.48 平方米。

7．锤铁厂、拉铁厂

建筑功能

锤铁厂作为金属锻造车间，负责生产竖机、螺旋机等轮船机器组件，还制造舰艇上装备的各类铁件，比如 1.3 吨重的铁锚等。拉铁厂承接金属板材加工任务，可轧制板材、大小型铁件、角铁和铜件。

建筑沿革

作为船政重要的生产厂房，锤铁厂于1867年冬开工兴建，1870年建成。它原本与轮机厂、铸铁厂和锅炉厂并列设在船政铁工生产厂区内，三大车间西侧被规划为机器收储所的地块很可能就是锤铁厂的原址。但是铁工厂区的地基比较松软，锤铁厂每一次使用汽锤锻造铁件时都会发生强烈的震动，甚至能震动屋瓦，这对整个铁工厂区的建筑来说都是一种安全隐患。为此，1871年锤铁厂被迁至铁工厂区以南。后续船政为了摆脱进口依赖，在新建锤铁厂时又增建了拉铁厂，可自制铁条、铁板，但是在日寇两次大规模的破坏中，锤铁厂与拉铁厂均被毁。

建筑形态

锤铁厂和拉铁厂是木结构建筑，占地面积为4190平方米，与北边的铁工厂区隔河相望，东边紧挨着西考工所。东西向的锤铁厂与南北向的拉铁厂紧密连接在一起，在建筑平面上形成了一个开口向左的“L”字形。锤铁厂、拉铁厂加工铸铁厂生产的坯件后，将加工完成的零件输送给轮机厂、水缸厂。因而，为了方便运输原料和产品，船政以拉铁厂、锤铁厂为起点铺设了一条由南向北纵贯整个生产厂区的铁轨，工人们可以沿着轨道推着专用的小车在相关车间之间运输物件。此外，由于锤铁厂、拉铁厂内设有大量机器设备，这些设备的运行需要使用大功率蒸汽机提供动力，因此船政为其配套建造了一座大锅炉房。这座大锅炉房拥有一根高大的砖制烟囱，耸立在拉铁厂西侧外墙中段，其直径比轮机厂大锅炉房的烟囱还要大一些，是厂区南端的一个重要地理标志。

8. 钟表厂（仪表车间）

建筑功能

钟表厂的工作部门包括时表制造部、望远镜制造部和指南针制造部，分别生产航海用六分仪等小型仪器、望远镜等光学器材和精密程度较高的船用磁罗经等设备。可以说，船政仪表车间开创了中国制造航海仪器和船用仪表的先河。

建筑沿革

钟表厂于 1867 年动工兴建，建成时间不晚于 1868 年 8 月中旬。抗战时期遭日寇摧毁。

建筑形态

位于木工厂区的钟表厂是双坡面屋顶木结构建筑，它北倚小铁厂，南面遥对铸铁厂，占地 720 平方米。1873 年，船政精简机构时撤销了钟表厂的编制，其生产业务被分别归并入轮机厂与水缸厂。

9. 截铁厂、打铁厂

建筑功能

截铁厂是船政的第一座铁工锻造车间，产品种类多样，包括船身所需的铁钉、金属龙筋，轮机厂等大型铁工厂房使用的铁柱等建筑构件，以及与舰炮配套的炮弹弹头等产品。紧邻截铁厂小车间的打铁厂主要生产各种船用的小型金属舾装件，可生产过船用的金属锚绞盘、舷窗、水密天窗等设备。

建筑沿革

船政原本并未计划在木工厂区营建铁工车间，但是从 1867 年秋季开始需要大量铁质构件建设船台，才就近应急建起一座小铁工车间。1868 年初，船政已经开始建造第一艘蒸汽动力军舰了，此时铁工厂区各车间尚未完工，小铁工车间的产量又满足不了造舰需求，于是又在小铁工车间旁兴建了一座规模更大的铁工车间，同年底建成投产。1875 年底，截铁厂业务归并于轮机厂，旧截铁厂被拆除后改建为铁胁厂。1875 年 12 月 8 日至次年春末夏初完工。

建筑形态

木工作业区东端的截铁厂和打铁厂是一组东西向木结构单层建筑，位于转锯厂和木模厂的南侧。在1872年的船政规划图里，铁工锻造车间由相邻的一大一小两座建筑组成，北边有两个错位的小车间，其中东侧的小车间标记为“锻造车间”（俗称“打铁厂”），面积为510平方米。该建筑群的其余大小车间则标记为“武器锻造车间”（俗称“截铁厂”），总占地面积2160平方米。

10. 转锯厂

建筑功能

转锯厂车间因安装了锯床而得名，可以将原木制成生产用的板材，除了加工木制船身使用的龙骨、肋骨、船壳板等各类木质构件，还能加工小型铁件。

建筑沿革

转锯厂建成并安装机器的时间不晚于1868年8月中旬，抗战时期遭日寇摧毁。

建筑形态

转锯厂位于木工作业区东北部、木模厂的南侧，与木模厂之间有一座小车间相连，三座厂房在建筑平面上组成了一个“工”字形。转锯厂为砖结构建筑，双坡面屋顶，总面积1020平方米。

11. 木模厂

建筑功能

木模厂是船政的模型与细木工车间，主要完成木模制作任务。除生产木质船模、汽鼓（汽包）模、各类机件模、细木雕刻的各类工件以外，还制造船用小型木件，加工船用家具、装饰件，并为其他车间制作铸造或生产用的木模，如制造轮机、铁锤等设备的木模。

建筑沿革

1868 年建成。

1873 年 6 月，外国工人合约期满，撤出铁工厂及木模厂，此后该车间由中国工人独立运营。在抗战时期毁于日寇之手。

建筑形态

该车间位于木工厂区东北角，为单层双跨结构厂房建筑，总面积 1440 平方米，安装各种锯机、刨机、旋机等机器设备 20 余副。

12. 船厂

建筑功能

船厂建筑群分布于船政厂区西端的闽江岸线上，自北向南由三座船台、一座铁水坪和一座铁船槽组成，是重要的船身制造、舾装与舰船维护设施。

船台是造船工业的一种基础设施，用于组装舰船的船身。由于 19 世纪晚期尚未出现分段造船技术，所以船台的规模直接决定了船政建造舰船的规模。

船政船厂建筑群

铁船槽是一种拖船坞，能将舰船拖曳上岸并进行离水维护。船政铁船槽可以维护排水量不高于 2500 吨的舰船，是亚洲第一座此类设施。

铁水坪是船政的起重与舾装码头。船政草创厂区时，它的主要任务是从运输船上卸载重型物料。当船政开始造船以后，起重码头就变成了舾装码头，用大吊臂将锅炉、蒸汽机等重型设备吊运进入船体内进行安装。

建筑沿革

船政原计划建造四座船台，第一座船台于1867年12月30日完工，1868年末陆续建成两座船台，此后便停止了船台建造工程。铁船槽始建于1868年秋，1870年秋建成。铁水坪于1870年9月前建成。

1881年，船台遭台风袭击受损，风灾过后整修了铁船槽及其配套的机器房。

19世纪80年代，加固并扩建了一号和二号船台，在船台上方增加顶盖，形成了半封闭的建筑空间。

1906年改造铁水坪，更换吊臂并添建机器房。船厂各建筑在抗战时期遭日寇摧毁。新中国成立后，马尾造船厂在南侧两座船台及其附属船亭的旧址上修建了机修车间厂房。

2005年，在厂区最北侧船台及船亭遗址上建成一座综合仓库，单体面积2456.42平方米，建筑面积8388.88平方米，为四层现代建筑。

2019年至2020年，马尾造船厂工业遗址保护建设工程改造了综合仓库与机修车间。

2021年3月，将综合仓库改造为中国船政文化博物馆新馆，历时9个月完工。

船台上即将完工的“万年清”号

建筑形态

船台：三座平行排列的船台位于船政生产区的西北部，每座船台的长度约为76.8米。船台本体由枕木构成，东端较高，较低的西端朝向闽江。在建造船台时，船政就近修建了两座简易的木质大型门式起重架，以便运送大型建材。这两座吊架在船台完工以后保留了很久，用来向船台吊运建造船身所需的各类重物。

为方便造船施工，船台附近还设有简易工棚和车间，供造船工人使用。这类设施大多只有顶棚而没有墙壁，造型上有点像中国古代的亭子，所以也被称为“船亭”。船政最初共建有六座船亭，后来为了给其他设施留出建设空间，拆除了其中的两座。

铁船槽：船坞是舰船离水维修必备的重要设施，船政建立之初便计划建造一座大型干船坞。但基地松软的土质不适合建造大型干船坞，且大船坞的投入资金多、建造时间长，就改为建造问世时间不久的铁板船槽（铁螺丝船槽）。它实际上是一种拖船坞，建有船用滑道，能用机器绞拖船只上坞台维护，完工后再经滑道送回水中，最后船政决定铁船槽的构件全部在法国订造，然后运回马尾组装。

由于先期建成的船台、船亭等建筑占据了木工厂区的沿江地块，只能在铁工厂区一侧的江边选址建设铁船槽。铁船槽的基础是一座由42扇铁架组成的巨大槽架，长35.9米、宽97.4米，于1870年3月26日安装入水。为了避免潮水冲击导致框架浮起，槽架与岸基之间的空隙都用石屑填满。之后在水下槽架的每一扇铁架上安装铁轨，将轨道终点设置在倾斜的江岸上。

铁制拖船台架是铁船槽的核心构件，其下方安装了带有铁滑轮的铁制框架，用机器驱动台架上下滑动。拖船台架由两个部分组成，可单独或同时运行。小型台架横宽37.7米，用于维护小型舰船；大型台架横宽59.7米，用于维护中型舰船；两座台架同时运行，就能维护全长97.4米的大型船只。铁船槽的东侧建有一座横宽97.4米、纵长16.45米的大型机器房，为铁船槽提供动力。

铁水坪：铁水坪位于木工与铁工作业区分界线处的江边上，建筑部分从陆地延伸至水面，安装了一座大型门式起重架，能一次性起吊高达 40 吨的重物。

13. 样板厂（放样车间）

建筑功能

样板厂是船政的设计图纸放样车间，工程师在这里绘制等比例的舰船施工图纸和零件图纸，供其他生产部门在施工时使用。

建筑沿革

放样是衔接舰船设计与施工的中间环节，早在建设船台等船厂设施时，船政就同步建造配套的样板厂。样板间始建于 1867 年，建成时间不晚于 1870 年 9 月。1907 年船政停止大规模造船，此后样板厂处于半停产状态，只在零星承接造船工程时启用。抗日战争期间被毁。

建筑形态

样板厂本来应该就近建在船厂旁，但由于船厂与木工厂区间已经没有足够的土地，只能改建到铁工厂区。该厂东边紧邻铸铁厂和轮机厂，是一座造型狭长的建筑。

14. 砖灰厂

建筑功能

砖灰厂由石灰窑、炭窑、砖窑和若干职工宿舍组成。船政早期建造的木质船身需要用油灰捻缝，石灰窑生产的石灰是制作油灰的一项原材料。炭窑生产的焦炭主要供应船政车间锅炉，也少量供给船政所造的舰船。砖窑负责制造建筑用砖和工业用耐火砖。

建筑沿革

1868 年 8 月，开工兴建一部分车间，另一些车间刚刚完成择地工作。因砖灰车间只是辅助性生产机构，故招募临时工开展生产活动。随着船政的衰落，砖灰厂逐渐被废弃。

建筑形态

砖灰厂在船政的辅助厂区内，位于船政主厂区的东南方、马限山的东南麓，君竹港江边一片狭长的地块之上，原址大致位于今福州市马尾区的沿山新村。

石灰窑：位于辅助厂区东北角，由三座车间组成，皆为双坡面屋顶。从建筑平面上看，东南侧有一座长方形车间和一座正方形车间，西北侧是一座狭长的长方形车间。

炭窑：位于辅助厂区中部，窑体狭长，紧邻耐火砖窑主体建筑的东北侧外墙。

砖窑：船政原计划建造三座砖窑，但最终没有建造辅助厂区以南的耐火砖窑。耐火砖窑用于制造舰船锅炉专用的高铝耐火砖，位于辅助厂区中央。主体建筑为四坡面屋顶，西北侧外立面紧靠山体，东北侧外墙建有一根大烟囱。在石灰窑和炭窑之间的江边建有一座双坡面屋顶的工棚，为耐火砖窑预制耐火黏土。

普通砖窑生产建筑用的红砖，位于耐火砖窑西南方，依山而建，建筑面积很小，只达到耐火砖窑主体建筑的一半左右。其东南侧不远处有一座建筑面积与石灰窑相仿的大型工厂，双坡面屋顶，为普通砖窑生产泥制砖坯。

15．铁胁厂

建筑功能

铁胁厂可生产铁制舰船的钢铁结构龙骨和骨架，打制、拗弯、镶配船上各类钢铁件，也生产铁制船壳、泡钉等。

建筑沿革

1875 年 12 月 8 日始建，1876 年 3—4 月建成厂房，扩建了附属锅炉房并加高了烟囱，当年夏安装机器并投产。

1881 年，台风侵袭使铁胁厂仓库的瓦片损失大半。

1883年，增加了部分机器设备。

1898年，杜业尔主持拆除并重建铁胁厂，用铁质梁架代替原本的木架，又在车间内加砌14座打铁炉，拆下的木料被用来新建镀铅厂。

1918年，福州船政局海军飞机工程处将铁胁厂改为制造飞机的木作车间和机工车间，自行生产出水上飞机“甲型一号”。

抗战时期铁胁厂遭日寇破坏，严重损毁，仅剩铁架构。

新中国成立后，马尾造船厂将铁胁厂作为甲居车间，生产铁制品。

1998年，因全长80米的铁胁厂阻碍了规划建设的马尾江滨大道，拆除了东侧厂房10余米。

2018年，作为福州船政的主要遗存之一入选首批中国工业遗产保护名录。

2019年马尾造船厂工业遗址保护建设工程启动，铁胁厂得到整修，在厂房外加设玻璃房，2020年夏完工。

建筑形态

铁胁厂建于打铁厂和拉铁厂旧址上，最初为歇山顶、青瓦屋面木构建筑，后改建为铁质梁架厂房。新中国成立后造船厂维修铁胁厂并作为甲居车间，设置一对铁制轨道贯穿南北车间，轨道上安置一辆手推式运货车，轨道与南车间外的铁轨垂直交叉，便于运输重物。两车间内立有两排各15根的圆铁柱，柱头上依次焊接“工”字形铁柱、铁轨，安装可移动的桥式悬吊车。2010年，铁胁厂南车间铁架构仍然保存较好，北车间保存三分之一铁架构。

2019年至2020年，船政文化马尾造船厂片区（一期）保护建设工程在铁胁厂外围构筑起一座钢构玻璃房，将原铁胁厂的钢铁架构以文物形式在玻璃房内展示。现存铁胁厂为单层双跨式铁架构建筑，长61.5米、宽29米，面积约为1784平方米。

16. 鱼雷厂

建筑功能

鱼雷厂生产和保养鱼雷。

建筑沿革

鱼雷厂于 1886 年 7 月 2 日建成，抗战时期毁于日寇之手。

建筑形态

鱼雷厂位于铁工厂区南端，紧挨着水缸厂的一小块空地上。该厂拥有醒目的白墙，东西面阔 5 间，南北进深 8 间，长宽都不及水缸厂的一半。厂内安装德国进口的空气压缩机、钻床、齿轮刨床等机器，用于制造鱼雷战斗部。

17. 铜元厂

建筑功能

铜元厂可铸造铜元，船政以铸币盈余弥补船政经费不足。

建筑沿革

1903 年，兼管船政大臣崇善奏请开设铜元局，以造币利润补贴船厂经费。次年五月，将船政大臣衙门前的旧木料仓库改建为铜元厂，计划添置机器、砌造烟筒以铸造铜币。

1905 年 7 月，铜元厂落成开工，因该厂铸造闽海关铜币，有时也被称为“闽海关铜币厂”。铜元厂成立后、贪污腐败、以次充好、管理僵化、人浮于事，导致了巨额亏损、经营失败，不久即被勒令停办。

1915 年，铜元厂被改建为海军艺术学校校舍。抗战时期毁于日寇之手。

建筑形态

铜元厂为单层三跨式车间；中跨较大，双坡屋顶；西跨宽度仅有中跨的一半，也是双坡屋顶；东跨与西跨的宽度一致，单坡屋顶；四壁开敞，近旁建有锅炉房的大烟囱。

18. 飞机厂

建筑功能

生产制造飞机。

建筑沿革

1918 年建成，抗战期间遭日军彻底破坏。

建筑形态

飞机制造工厂位于船政厂区西北部的临江地块上。原铁胁厂被改建为木作和机械车间，以一座船台为基础扩展附近的闲置土地建成飞机棚厂和装配厂，在临江地段铺设水上飞机的下水通道。

19. 一号船坞

建筑功能

船坞用于舰船离水维修保养，清军南、北洋舰队和美、法等国若干大型军舰曾进坞维修。

建筑沿革

1887 年，船政到罗星塔所在的青洲开工兴建西式干船坞，也被称为青洲船坞。次年二月因资金短缺停工，至 1893 年船坞落成，造价共计 49 万两银。

民国时期，青洲船坞改称为“一号船坞”。青洲船坞因选址不当，产生了严重的淤积问题，到 1935 年已基本无法使用。海军福州造船所扩建二号船坞之后，青洲船坞随即被弃用。

2000 年，福建省文物局和马尾区人民政府投入近百万元疏浚一号船坞，修复了石砌坞体，次年竣工。

2001 年 6 月，作为福建船政建筑的组成部分，一号船坞成为全国重点文物保护单位。

2018 年，作为福州船政的主要遗存之一，一号船坞入选首批中国工业遗产保护名录。

建筑形态

一号船坞全长 111 米、宽 35.8 米、总深 9.8 米，可维修当时国内最大的军舰与商船。一号船坞建成时，规模仅次于英国利物浦船坞，位列世界第二。坞口设有凹槽以容纳宽厚的钢制闸门，闸口最窄处 26.4 米。坞体砌筑台阶式的石壁，每阶高度约 2 米，宽度接近 1.5 米；坞面腰部设有凹廊，廊内砌筑石梯以备坞体内外人员通行。

20. 二号船坞

建筑功能

舰船离水维修保养。

建筑沿革

1861 年，英商天裕洋行在马尾建造船坞，开办修船业务。

1914 年，福州船政局斥资 2 万元并购该坞。

1928 年，为坞体内部清淤。

1935 年，扩修二号船坞，次年 4 月完工，此后称“二号船坞”。

抗战时期遭日军破坏。经过修复，二号船坞自新中国成立后一直使用至 20 世纪 90 年代。1992 年，马尾造船厂进行企业改造，二号船坞被拆除，后扩建为 1.5 万吨级船坞。

建筑形态

二号船坞位于船政厂区以南，原为木质坞面的泥坞，仅能容一千吨以下的小型船只坞修。1936 年扩修二号船坞，改为石与混凝土混合结构坞身，坞长约 114.3 米，上宽 18.59 米，下宽约 14.63 米，深约 4.3 米，可维修三千吨以下船只。石砌坞底，共有七级阶梯式坞墙，下三级为石砌，其余是以各种废钢铁为筋骨浇铸的混凝土结构，坞口两侧及内端各有一道石梯通向坞底，坞底设有支撑船体用的枕木。

21．马限山护厂炮台

建筑功能

用火炮打击闽江上的来犯之敌，武装保卫船政厂区安全。

建筑沿革

在马限山前坡、中坡、后坡及船厂沿江、船坞旁等处共修建护厂炮台四座，其中始建于1868年的中坡炮台是最早修建的。

船政最初只在马限山中坡一处设置护厂炮台，曾在1884年中法马江海战中给予入侵的法国舰队一定打击，但在战斗中被击毁。

1886年，船政大臣裴荫森主持修复护厂炮台，并增设前坡和后坡炮台，最初的护厂炮台此后也被称作中坡炮台。此次工程由黄庭担任技师，经费支出60万元。

三座护厂炮台建成后从未投入战斗，前坡和后坡炮台逐渐荒芜毁坏，仅剩中坡炮台。

1983年，为纪念甲申马江海战100周年，福州市文物管理局在昭忠祠维修计划中将整个马限山划为保护范围，中坡炮台首次成为文保对象。

1992年，船政局护厂炮台（即中坡炮台）公布为马尾区文物保护单位。

1996年，中坡炮台作为“马江海战炮台、烈士墓及昭忠祠”的一部分，与马江海战烈士墓、昭忠祠一同公布为全国重点文物保护单位。

1998年，福建船政博物馆设立，中坡炮台被列入博物馆管辖范围。

建筑形态

现存的唯一一座船政护厂炮台为马限山中坡炮台，建筑造型上保持了马江海战后修复的状态。炮台为一座矩形平台，三合土结构，面朝东南，能够远眺闽江江面。中部有弧形突出，原来可能是炮台主炮的炮位。东南和东北角各有一座方形炮台，旋转炮位的底座上有钢质螺栓均匀地嵌入木制平行槽内，大炮的口径可能比主炮小一些。平台之下设有仓库，西北面的山坡上设有小门出入，在炮台中央还有小天窗可以窥见其内部空间。近年来曾对炮台进行了部分修复，设置了两门仿造的小炮，作为参观展示之用。

22. 海军福州造船所大门

建筑功能

民国时期海军福州造船所主入口，用于保持或停止基地与外界之交通。

建筑沿革

日寇两次侵占马尾期间，福州海军造船所遭到了严重破坏。民国三十四年（1945 年）抗战胜利，海军福州造船所所长张传钊受命修复，民国三十七年（1948 年）新建大门。

民国三十八年（1949 年）七月，海军福州造船所迁往台湾，马尾造船所本厂被废弃。

1954 年，在船政局旧址成立马尾造船厂，仍将其作为大门。

2019 年，造船所大门因基建工程被拆毁。

建筑形态

造船所大门设在马限山路口，设计上巧妙利用了地形的高差，左方门墩身短，上架铁花楣，右端嵌于山壁石中。

第四章 船政居住建筑

一、船政居住建筑概况

作为晚清的第一座国家级海军基地兼战舰工厂，船政拥有为数众多的常住人口，包括船政大臣以下的机构管理人员、船政水师官兵、船政学堂师生、造船厂的工人与外国顾问、辅助性工作人员，以及大批上述人员的家属等。这些人由于长期在船政生活、工作和学习，有

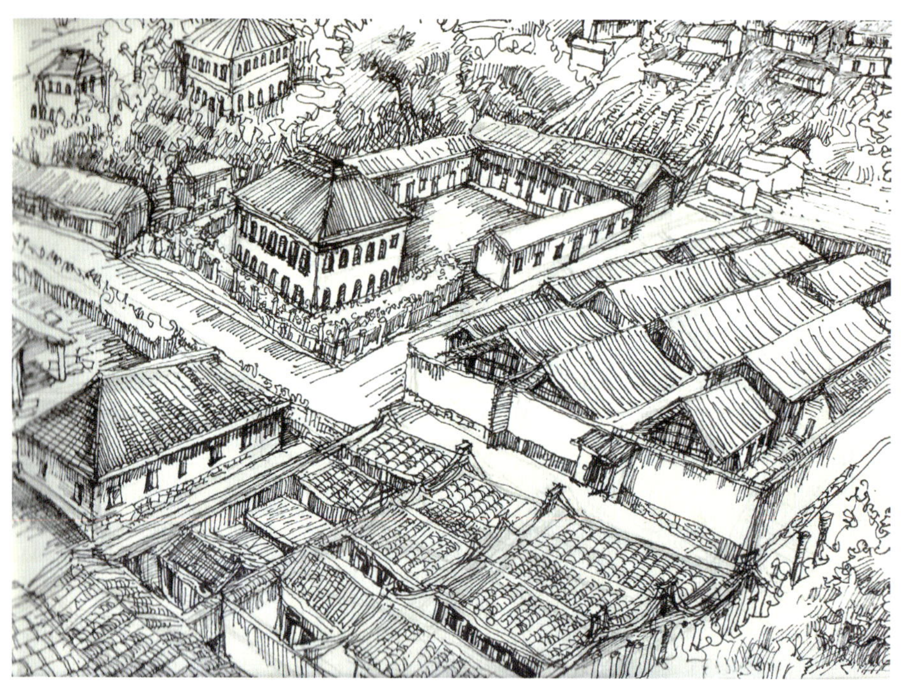

东西考工所

就近住宿的需求。因此，居住建筑也是船政建筑的一个重要组成部分。

船政居住建筑主要有两种类型，分别为中式居住建筑和西式居住建筑。中国人居住的建筑都保持了中国传统居住建筑风格，建筑材料和造型以土木结构或者木结构为主的单层联排里弄式住宅，这些中方工人、工匠、学徒等基层人员居住的简易住宅建筑，旧时称为“柴栏厝”，在当时的福州属于下层市民或者农户的居住住宅。这种建筑的兴起是因为福州地区盛产大量木材，取材方便，所以造价低廉而且易拆易建，在福州的平民住宅建筑中较为流行。尤其是随着船政人口的增加，建筑空间需要具备一定的灵活性，柴栏厝能方便地隔出多个相互独立的室内空间，充分利用有限的船政土地资源，完美地契合了船政中方工作人员的居住需求。

中国匠首或者监工的住宅建筑又与普通工人的稍有不同，因为他们都是船政高薪聘请的技术人员，一般都会携家眷而来，所以要求居

洋员公寓

住环境相对宽敞明亮。船政建造了一些合院式、天井式建筑供他们使用，这些居住建筑主要采用了抬梁式、穿斗式和井干式及其变体为主的结构形式。在阶级社会中，人们的居住建筑会反映阶级的差异，建筑的选址、功能和规模都能体现主人的身份和地位。福州作为传统封建经济的一座重镇，居住建筑的差异尤为显著。合院类建筑群的用料比柴栏厝更为讲究，外墙多使用较为牢固的砖石，内部建筑构造也是以名贵木料为主，居住建筑材料的差异代表着社会地位的不同。普通船政学徒和工人住宿的地方称为考工所或者工人宿舍，而监工或匠首的居住地称为住宅建筑。

相比中国单层住宅建筑和四合院式中国传统民居建筑，船政西式住宅的造型结构、空间布局和建造技法都有所不同。洋监督、洋匠首和普通外国工匠的住宅或宿舍多为两层或三层的混凝土砖木结构建筑，它们大都依山而建，用条石砌筑地基，石材砌成墙体勒脚，由密缝砌筑而成，立面大都呈折中主义的风格。

二、船政居住建筑详览

1. 东西考工所

建筑功能

“考工”的意思就是考察中的工人，即在职工人。考工所是船政学徒的住所，但实际上工人宿舍都称为考工所。

建筑沿革

福建船政局共有东、西两个考工所，均建成于1868年，目前仅西考工所尚有遗迹存世。

1881年8月26日，台风袭击马尾。东考工所有两面围墙倒塌，西考工所的棚户式宿舍全部损毁，灾后重建时修复。革命烈士林祥谦曾

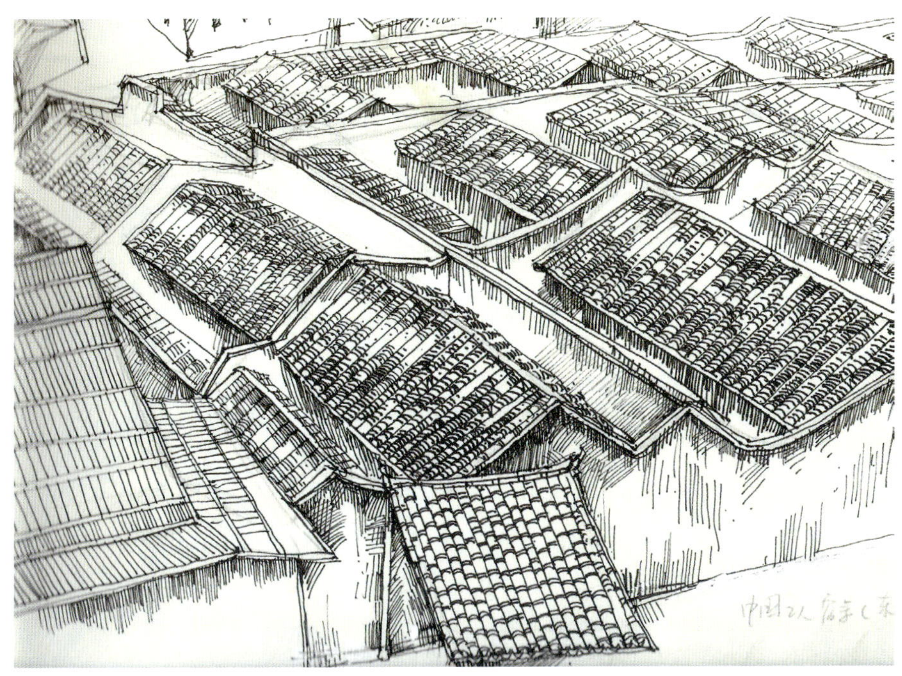

东考工所

于 1906 年进入船政当学徒工，住在考工所。当时的考工所因为地势低洼而常年潮闷，每间小屋里设置供 20 名工人就寝的大通铺，室内空间肮脏拥挤，住宿条件十分恶劣。

1918 年 7 月，暴雨和大潮激起的大洪水袭击了马尾，西考工所被洪水淹没，造成 16 人丧生，百余人受伤。船政局屡遭战火，几经兴废。

1990 年，东考工所不见踪影，西考工所仅存入口残墙一堵。

20 世纪 80 年代末 90 年代初，马尾造船厂曾对西考工所入口残墙进行了一些简单的维修。

2001 年 6 月，作为福建船政建筑群的一部分，西考工所入口残墙被公布为第五批全国重点文物保护单位。

建筑形态

根据留传的照片分析，考工所属于中式传统木结构建筑，但为了提高建筑密度，庭院空间设计得非常小。每个单元均为一大进深正房，后面一小进深下房，可能是厨房。连接和区分每个单元的是防火墙，平直的正脊两端微微向上翘起，屋顶没有任何花哨的装饰。防火墙呈“人”字形起伏连接，简单地区分每个单元。

建筑的色彩沿袭福州古厝的特点：白墙黛瓦，单元内部还分为多户，这种布局很接近同时期上海刚出现的里弄住宅。这些规整的房屋整齐划一地排列在后学堂的一侧，与旁边的白色西式洋楼建筑形成鲜明的对比。

2. 中国监工、匠首住宅

建筑功能

在离船政厂相对比较远的马限山后部的山上，环境优美安静，远离嘈杂的工厂厂区，有一片专供中国监工居住的住宅区域，环境和住宿条件要比考工所好了很多。

建筑沿革

于1868年7月前建成，随着船政的衰落而湮灭不彰。

建筑形态

这些高级工匠寓所都是为满足家庭居住需要而建立的，占地面积较大，室内外空间更加宽敞。中式高级寓所使用的建筑材料也与考工所不同。如果说柴栏厝是纯木结构的房子，那么这里的建筑是由土、石、木至少三种建筑材质组成。建筑群的外墙“封火墙”的墙基用碎石或条石叠筑而成，墙面中段用土夯筑，墙的顶部用薄砖空叠。墙体筑成以后，先在墙面上涂以泥土，再抹好墙灰。建筑外立面的围墙用泥或三合土筑成，用苇草编织物混合泥土制作室内的隔墙，用木板做室内隔扇。

这些建筑采用福州传统的民居建筑样式，建筑规模可以比肩三坊七巷的大厝。木质建筑骨架采用穿斗式结构，平面空间一字排开。面积相对较小的一组建筑为南北向三开间，正厅两侧配置了两座厢房（护龙）。面积相对较大的宅院为六开间，有两个大厅，即前厅和后厅。前厅比较宽敞，有一个院落或者天井，称为“埕”，埕多铺红砖，可以通风和接受日照；后厅天井两侧往往也有披舍，为厨房或佣人房。

3. 日意格监督洋楼

建筑功能

日意格在马尾工作期间，作为其私人住宅使用。

建筑沿革

1868 年 7 月前建成，抗战期间，日寇侵占马尾，摧毁了这座建筑。

建筑形态

日意格监督洋楼建于婴脰山西侧山坡上，坐东朝西。主楼的建筑平面为正方形，为四坡面屋顶、两层券廊式建筑，主入口位于建筑西立面，可以俯瞰整个船政建筑群。在主楼东侧建有两座单层小型附属建筑，该建筑群北面有小径通往山顶镇海营驻地。整个建筑群被一座

日意格监督洋楼

大花园包围，花园的主入口通往船政教学区，前院通道被设计成“回”字形，颇有借鉴中国园林曲径通幽之意味。

4. 副监督洋楼和高级洋员寓所

建筑功能

供船政副监督德克碑及其他高级洋员在马尾工作期间居住使用。

建筑沿革

1868 年 7 月前建成，抗战期间毁于日寇之手。

建筑形态

副监督洋楼位于船政建筑群的东北角、婴脰山西侧山坡上，主体建筑的造型、规模与日意格监督洋楼完全一致。小型单层附属建筑也位于建筑东侧，只是数量减少为一座。该建筑群的庭院比日意格监督洋楼的要小许多，平面上呈“L”形，后院很小，面积稍大的前院正对着洋匠首房。

副监督洋楼（近景）和高级洋员寓所

洋匠洋楼分为两种类型，对应西式住宅中的别墅式与公寓式建筑。别墅式建筑与正副监督洋楼造型完全一致，带有较大的花园，此种类型共有两座建筑，均建于罂脰山脚下，位置上介于副监督洋楼与船政衙门之间，后院都设有小型附属建筑。公寓式建筑有一大一小共计两座，面积较大的建筑南侧紧挨着别墅式洋匠洋楼，西侧不远处就是中岐村民房，公寓式住宅的建筑平面呈长方形，四坡面屋顶，北面有小型附属建筑群。

5. 英国领事公寓

建筑功能

船政创建以后聘请英国人担任驾驶学堂教习，英国殖民当局妄图借机刺探船政军事机密，便在马限山上建起所谓的英国海员俱乐部暨领事分馆用于搜集情报。该建筑为办公、居住两用建筑。

建筑沿革

1870 年动工，1872 年建成。为了阻止英国人继续利用领事分馆窥视船政，进行间谍活动，沈葆桢于 1874 年代表船政斥巨资将该建筑并购。由于该建筑位于马限山顶，远离厂区，所以免于战火摧残，得以保存至今。

建筑形态

英国领事公寓坐南朝北，为单层砖木结构建筑，建筑平面为“C”形，外立面之外建有连接屋檐与台基的柱廊，带有殖民风格建筑的造型特点。该建筑位于马限山顶，北侧面向船政主厂区，南面可以监视君竹港，东北面能远眺船政辅助厂区，西侧可俯瞰马江，船政厂区的一举一动都在这座建筑的视野范围之内。

6. 通事房

建筑功能

为翻译人员提供居住空间。

建筑沿革

建于1867年，抗战时期毁于日寇之手。

建筑形态

通事房

通事房位于前学堂和日意格监督洋楼之间，是由两座小型建筑组成的建筑群。西侧建筑平面面积大一些，东侧建筑的宽度比西侧建筑稍窄。

7. 英国医生公寓

建筑功能

1870年，英国人在马限山南麓马尾村西北角开设圣教医院，英国医生就近在马限山上建立了两处住宅建筑，统称为英国医生公寓，其主要功能是为每一任曾驻罗星塔圣教医院的外国医师提供居住场所，之后逐渐演变为圣教医院院长的居住地。

建筑沿革

1870年建成。因为该建筑位于马限山顶，远离厂区，所以多次避免战火的摧残，保存至今。

建筑形态

英国分领事馆南侧的单层住宅建筑原为圣教医院院长公寓，紧靠着英分领事馆附属的梅园监狱。该建筑共占地280平方米，主体建筑的建筑平面为正方形，四坡面屋顶，东侧连接着一座东西向、长方形的小型附属建筑，配有一座小型庭院。建筑墙体为水泥砌成并刷白，建筑正面为七根方柱依次排开，每一根方柱之间同时开设落地门，建筑内的地面为木质地板。

1988年福州轮船公司接手管理圣教医院门诊楼等建筑，当地人民政府建设局的园林部门继续接管院长公寓等建筑。该建筑经过几次转手之后，目前福州马江海战纪念馆拥有现院长公寓建筑的产权，2004年相继在此开设了“船政精英”陈列展览。1992年该建筑被评为市级文物保护单位。2020年，作为马限山近代建筑群的一部分列入第十批福建省级文物保护单位。该建筑坐东朝西，面向马江江面。另一座医生公寓位于英分领事馆西侧，主体建筑造型与圣教医院院长公寓基本一致，有一座南北向的小型附属建筑，带有一个小型庭院。

8. 官街

建筑功能

提供贸易空间，方便船政人员和来往海员客商采购物品，周边居民也可以在此经商或消费。

建筑沿革

为洋员洋匠建造公寓楼期间，船政继续向西北开辟了一条进出厂区的道路，今天被称为马尾老街。1868年7月前建成。官街并不是船政的附属建筑群，所以一直延续至今。旧时的传统建筑已经在扩建江滨大道时全部拆除，现存建筑都为现代建筑。

建筑形态

官街两侧主要为砖木结构的临街店面型商住两用建筑，街市结构较为齐整。建筑空间布局上采取前店后宅或下店上宅模式，面向街道的一侧为店面，建筑内部或楼上为住宅。官街店面多为两层骑楼式建筑，楼上住人，楼下经商。每十间店面配置一面封火墙，并将厨房安排在封火墙外，火灾隐患大为降低，为官街生意兴隆提供了安全保障。

第五章　船政管理、办公部门建筑

一、船政管理、办公部门建筑概况

船政管理与办公建筑虽然数量不多，但是发挥着重要作用。这类建筑在地理位置上相对集中，都位于船政基地北部，其西南侧为工业建筑群，东南侧则为教学区和中方工人生活区，北侧为洋员洋匠生活区，形成了船政衙门和办公所两大建筑群，中间仅隔洋匠宿舍和一座木料厂。此种布局有利于船政大臣和船政的中外行政管理人员就近监督船政各区有序开展工作。

二、船政管理、办公部门建筑详览

1. 总理船政衙门

1866年，清廷批准左宗棠在马尾设立总理船政事务衙门。在军事上，船政是中国近代海军的摇篮，总理衙门是船政的舵手。以左宗棠为代表的船政大臣们在工作中开拓进取，开设造船厂和船政学堂，为中国建立近代化海军奠定了坚实的基础。在经济上，是一次经济改革和模式发展：小农经济向机器化大生产工业化的创新，总理衙门是冲锋陷阵、大胆进行经济改革创新的领路人。在政治上，它又是清末清廷的中央直属管辖职能部门，直接向皇帝和朝廷负责，担负着引进技术和设备、培养人才、指挥造船铸舰、指挥生产活动的领导机关。船政大臣拥有“生杀”大权，他们办公所在的船政衙门就成了权力的象征。

建筑功能

船政衙门是船政事务的领导机关，也是船政钦差大臣以及幕僚议事、办公和休息的地方。

建筑沿革

最早的船政衙门是建在马尾莺脰山下的，于1867年建成。

1882年，工人罢工时飞石掷瓦把辕门破坏，建筑屋顶也受到破坏。大罢工以后，船政大臣派人修复，很快得以修缮好。中华民国成立后，船政衙门被海军司令部接管，属于海军军部。

抗战时遭轰炸，在毫无人道的“焦土政策”之下，日本侵略者几乎把船政衙门夷为平地，仅存下船政衙门门口的官厅池。官厅池长约33米，宽约21米，周围用方石砌成，曾经设置了围栏，1956年修福马铁路时被拆除。

2013—2015年，在异地新建景点，冠以“船政衙门”之称，然而与原建筑没有关系。

另外，关于船政衙门门口的一对石狮子还有一段有趣的故事。据史料记载，船政创立后，兴建官衙，为了显示衙门的威严，便在福州南后街尾澳门路惠安人开的蒋源成石铺订购了一对石狮子摆放在衙门门口，石雕的石头选自惠安地产的青石，造价达146两白银。其中雄狮子高2.26米，宽0.75米，深1.45米；雌狮子高2.10米，宽0.75米，深1.35米。1867年衙门建成，两只石狮子按照雄左雌右的序列傲立在大门两侧。1941年日军入侵马尾，船政衙门被焚烧几近毁坏，石狮子也被丢入废墟荒草丛。1958年大办农业社，石狮子被人从乱草中找出来，放置于马尾的“跃进门”两边。1966年，“文革”期间“破四旧”，石狮子先是遭到推倒和破坏，此后一只被作为附近铁路的基石，另一只就地掩埋。1986 年，这两只伤痕累累的石狮子再次被挖出，送往惠安修补后重新安放在船政工厂的东大门。这对历经劫难的石狮子，见证了历史的变迁，得以重见天日，成为船政和船厂的重要文物。

总理船政衙门正门

建筑形态

中国封建时代强调上下尊卑秩序，依据官员的职务和级别规定府衙的建筑形式，因此不同种类和级别的衙门从建筑布局到油漆彩绘均有所不同。在清代，文武官皆设衙署，在衙署建筑群中轴线上依次安排大堂、二堂、大门、仪门；休息之处为内室、群室；吏部干事办事的场所为科房。根据官员等级大小，建筑规制具备不同，官大者依次扩大，官小者依次缩减。

船政大臣初设时由正二品文官担任，从建筑大门两侧外张的八字墙显示船政衙门的建筑级别极高。1866 年 12 月开始创建的船政衙门门前有一个铁的旗杆，衙门建于高台之上，面阔五间，全部是由木头建造的，整体建筑结构为单层，屋面双坡，屋檐飞翘。悬山顶，鹊尾脊，屋面有一条正脊和四条垂脊，在檐下正中有“总理衙门”四个大字的竖向匾额，门口有两对石狮子，前有辕门，巨大的木门上画有关公和张飞门神。

船政衙门是一座木质结构的单层建筑，门头、仪门、大堂上都刻有沈葆桢题写的楹联。头门就是大门，仪门是大门内的另一道门。大门两侧有翼墙，前有台阶。衙门主体为一座三进式院落，侧边为整齐的科班房，属于标准衙门建筑的精简压缩版。由于受到马尾地区气候和地貌条件的影响，衙门用地较小，整体布局偏拥挤和狭窄，但是船政衙门是官方建筑，建筑的装饰风格都是民房无法比拟的。建筑的装饰性彩绘和雕刻都采用中国传统样式，使人对建筑所代表的政权产生公正、庄严的联想。衙门内部门窗以隔扇、槛窗为主，大多是六抹隔扇、四抹槛窗，还有少量五抹隔扇和三抹槛窗。隔扇和槛窗由隔心、绦环板和裙板组成，船政衙门的主要木雕装饰就集中在这些门窗构件之上。

2. 中方办公所

建筑功能

中方船政官员的办公大楼。

建筑沿革

1868 年建成，抗战期间毁于日寇之手。

建筑形态

位于厂区与船政衙门的交界处，工业区人工河以内，洋员办公所北侧。建筑平面接近于正方形，单层、四坡面屋顶中式建筑。在它与洋员办公所之间还有一座更小一点的单层中式建筑，应该是办公楼区的附属建筑。

3. 洋员办公所

建筑功能

船政洋员的办公大楼。

建筑沿革

1868 年建成，抗战时期被日寇摧毁。

建筑形态

位于中方办公所南侧，主体建筑是一座平面上近似于正方形的二层洋楼。一层外立面为围墙，二层外立面则设置成券廊。四坡面屋顶，顶部的钟楼安装了一台大型时钟。

洋员办公所

4. 钟楼

建筑功能

为船政人员学习、工作和生活提供报时服务。西式钟楼给以农耕为主的古老中国代入了近代化的时间观念，从此民众有了近代化的工作时间制度。

建筑沿革

三座钟楼分别于1868年、1927年建成，于1927年建成的第三座钟楼保存至今，其余两座已经毁于抗战时期。

建筑形态

根据苏格兰摄影师约翰·汤姆森1870年从罂脰山上拍摄的福建船政照片可见，厂区内已有两座西式报时钟建筑。其一为船厂北门通往江岸的南侧铸铁厂旁边的一座六面体“号钟”钟楼。这是一座高大的塔形木结构独栋钟楼建筑，通体高达六米，和旁边的铸铁厂建筑比起来并不逊色，钟楼建筑共有两层，二层的外墙设有两个大型时钟盘，一个朝向船政厂区与马江江面，另一个朝向行政、教学和生活区。钟盘的样式与同一时期法国罗什福尔船厂的钟楼造型相似，这是因为船政聘请的法国技术人员大多来自这座船厂，他们设计钟楼时参考了原厂的建筑设计样

晚清时期兴建的两座钟楼

式。船政大钟共有 12 个刻度，用罗马数字标记，盘上有时针、分针两根指针。巨大的自鸣钟在整点和半点时，会自动报时提醒着船政和学堂的工作及休息时间分配。在创建亚洲第一艘蒸汽机军舰“万年清”时，这座钟楼矗立在旁边，见证了这一历史性时刻的到来。

另外，船厂北门的洋员办公所楼顶上也有一座体量较小的塔式钟楼，在屋脊中央安装了一台大型自鸣钟，它也配有两个钟盘，朝向和铸铁厂附近的大钟楼一致，只是尺寸上稍小一点。与此同时，在日本一个制铁所内也有两个相似的钟楼，都是依照法国原厂的钟楼设计样式而建的，单体的钟楼称作“鸣钟”，屋顶的称作“时钟”。据考证，这两座钟楼的建立只比上海法租界工部局设立的公共钟楼晚了不到一年。

在今天的马尾船政遗址上依然矗立着一座钟楼，它建于 1927 年，由当时的福建船政局局长陈兆锵主持修建、造船所所长马德骥组织施工。这座钟楼从外观上看也属于法式，可能是由于当时两座旧的钟楼已经无法工作，所以营建新的钟楼取而代之。新的钟楼是白色宝塔式建筑，楼高 18.7 米，上下共计五层，层层分收。底层边长为 3.94 米，楼高 3.4 米，一二层是白色水泥钢筋浇筑而成的四根巴洛克式柱子，每根边长 0.56 米；三四层四面开设圆拱形门洞，门洞前出廊；五层的四个立面均安装了造船所自产的圆形钟盘，直径 1 米，内装钟表自转装置，按时敲响钟声，为放置钟表层，外围边长 1.5 米。虽然现在四个表盘已经不在了，但表盘的圆形孔位还清晰可见。钟楼拥有一个八角形的红色尖屋顶，每条边长 1.3 米；顶端安装一架南北指向标杆和风向标，高 2 米。在底部四层的外围出廊上，廊沿围有铸铁花纹栏杆。钟楼底部正面的眉额上写有“总务处”字样，在民国时期，船政总务处即为船政的办公场所。在两翼卷草纹饰的装饰中，是民国北洋政府的海军军徽纹饰。环绕在代表吉祥纹饰的嘉禾图案中，是海军锚图案的宝鼎，是我国唯一现存带有民国海军军徽的历史建筑，具有重要的历史文物建筑保护价值。

1927 年建造的钟楼

福建船政是中国近代最早全面开始采取工作时间管理体制的机构。船政的三座钟楼都是机器化的自鸣钟，需要定时有人开和关，在开工日期，需要有人上去把它“发动”起来，并负责重新对准时间；而到了周末或者节假日，又需要有人爬上钟楼，人为地把它“停”下来。船政钟声不仅响彻船政厂区，还在马尾区的村庄震荡开来，自此马尾成为中国最早进入现代时间的地区。

5. 通事房

建筑功能

为翻译人员提供办公场所。

建筑沿革

1867 年建成，抗战时期被日寇摧毁。

建筑形态

详见船政居住建筑同名词条。

第六章　船政公共服务建筑

一、船政公共服务建筑概况

船政的公共服务建筑包括医院、监狱和俱乐部等，起初并不隶属于船政，但是能够满足船政人员的部分公共服务需求。由于它们属于辅助性建筑，因此距离主厂区比较远，分布也较为分散。其中一些建筑后来被船政并购，多改为居住建筑使用。

二、船政公共服务建筑详览

1. 圣教医院

建筑功能

该建筑主要用于医治外轮船员、中国病员，同时外轮的检疫工作也主要由圣教医院负责。

建筑沿革

圣教医院最初由英国圣公会布道会创

圣教医院一角

办，创办人为英国驻福州领事馆代理事梅威令。马限山圣教医院门诊楼 A 始建于 1870 年前后。梅医生年迈时疾病缠身，于是院长之位移交给美国人方济霖。

1901 年，方济霖向马尾区海军方借地，建成马限山圣教医院门诊楼 B，同时立“借用海军官地碑”。

1925 年，马限山圣教医院门诊楼 A 加盖第二层成为两层病楼房。抗日战争时期，由于周边战争频发，圣教医院受到不同程度的损毁，战时的炸弹曾将院长公寓的屋顶炸毁。

1944 年 10 月，该建筑曾被日军占用，设侵华日军第二十三旅司令部。

1945 年，方济霖任期结束，退休后回到美国，王仲方接过院长之职。

1948 年，马限山圣教医院门诊楼 B 进行修缮改建，整体建筑在原来基础之上加盖一层。

1951 年 12 月 27 日，圣教医院整体由闽侯专区卫生科科长袁万彩等代表当地政府机构接手继续管理，同时该建筑的所有制改为全民所有制医院。

1963 年，圣教医院的名称改为福州市马江医院。

1986 年，该医院由马限山搬迁至上岐村。1988 年，原圣教医院门诊楼等建筑作为工厂用地由福州轮船公司接管。

1997 年，圣教医院得到开发区投资的 100 万元，医院在新的地址又增建综合门诊楼，同时该医院更名为开发区医院（福州第五医院）。

2016 年，该建筑以“马限山圣教医院旧址”列入福州市级文物保护单位。

2020 年，作为马限山近代建筑群的一部分列入第十批福建省级文物保护单位。

2022 年 3 月 3 日，马尾政协文史馆、马江画院在马限山圣教医院门诊楼 B 揭牌，一层为区政协文史馆，二层为区政协马江画院。

2020 年 9 月 20 日，马限山圣教医院门诊楼 A 被改建为马尾非物质文化遗产展示馆。

建筑形态

圣教医院门诊楼 B

圣教医院整体包括圣教医院门诊楼 A、门诊楼 B 及院长公寓各一座，均为欧式砖木结构建筑，建筑整体坐落于马限山西南部，坐东朝西，方位角 300°，四坡面屋顶，建筑平面为长方形，配有一个大院，西侧有对称的两座小型门房。圣教医院门诊楼 A 最初为砖石结构平房，建筑面积约 1100 平方米，占地 13 亩。圣教医院的各门诊病房之间通过走廊相互连接，建筑外墙由青砖砌成，建筑内部的地板整体为木质。

2. 梅园监狱

建筑功能

英国殖民者关押中国“海盗”的场所。

建筑沿革

同治九年（1870 年），英国殖民者以追捕海盗为由，建造监狱关押中国渔民及民众，整体建造工作由英国工程处上海办公室的罗伯特 · 亨利 · 博伊斯主持。

20 世纪初，该监狱逐渐停用。

1905 年前后，英国驻马尾副领事撤销，本建筑随副领事馆建筑一同租给圣教医院首任院长、英国领事代理梅威令医生作为办公室使用，“梅园”因而得名。

1920 年，梅威令去世后，租给福建省盐运使署。

1927 年，英国政府将本建筑租给海军陆战队使用，又于 1931 年租给马尾天主堂，后便一直闲置。

1938 年，该建筑被日机轰炸受损。

1942 年，监狱与副领事馆建筑一同移交给中国海军部使用。

1992 年，被列为市级文物保护单位。

2001 年 9 月，福州市古代建筑设计研究所完成测绘修缮方案。2004 年，在马尾区文化体育局主持下，梅园监狱完成修缮工作。

建筑形态

梅园监狱又称英国驻福州副领事馆附属监狱，位于马尾区马限山中坡东麓。该建筑整体风格具有明显欧式建筑特点，占地面积共为 310 平方米。梅园监狱整体由地上、地下两部分组成，地上建筑主要为砖木结构的牢房，共 6 间，总面积约 54 平方米，每间牢房面积较为狭窄，不足 10 平方米，牢房内高约 2 米处有一扇小铁窗通风。除牢房外还有犯人活动厅、监视房、狱卒值班室、办公室等。

梅园监狱主入口

地下建筑则是由原有的地基架空层改为囚犯牢房。东、南两面为两重砖砌石墙构成的“L”形通道，通道面积狭小，整体宽度不足 1 米。

梅园监狱地牢入口

通道深处离地1米高的墙面上开了一处牢门，高0.9米、宽0.6米，大小只够一人单独通过。牢内分内外两室，外室宽4.5米，内室宽0.4米，均进深5.2米，每间牢房内北面的墙体高处各开一扇小窗。牢内空气流通不畅，环境阴湿，囚禁在此的犯人死亡率高。

监狱地面用青砖、红砖砌成，整体为维多利亚风格，建筑鸟瞰图为“凸”字形结构。监狱在院内另有围墙及看守亭，防卫系统严密。该建筑周边建有两座监视房，皆为单层结构，与牢房同为砖木结构，曾经作为英国水兵的居所使用。围墙外有一处深1.50米、长3.62米、宽2.43米的水牢，民国时期山上的居民常用此水牢储存雨水，供日常洗漱。

3. 英国驻福州副领事馆

建筑功能

办公与居住功能兼备的建筑。

建筑沿革

该建筑整体工程负责人为罗伯特·亨利·博伊斯，1870年兴建，1872年竣工。

1874 年，船政大臣沈葆桢斥巨资将此建筑的产权赎回。

1885 年，该建筑的主要功能改为住宅，经过改建装修后作为新任英籍教习赖格罗、李家孜的居住场地使用。

1992 年，被列入第三批福州市级文物保护单位的名录。

2001 年 9 月，福州市古代建筑设计研究所通过实地勘测，对建筑现状进行分析整理，最终完成副领事馆的施工图纸绘制及相关修缮方案。

2004 年，副领事馆的修缮方案得到福州市文物局的批准，由马尾区文化体育局主持完成了改建修缮，9 月在此馆陈列展出“福州近代外交史”。

2020 年，作为马限山近代建筑群的一部分列入第十批福建省级文物保护单位。

建筑形态

1870 年，英国殖民者在马限山设立英国副领事署，又称洋教习寓所，整体坐北朝南，方位角 171°。整栋建筑为砖木结构，只有单独一层，鸟瞰图的建筑轮廓为“凹”字形。该建筑外观相较朴素，但内部装修豪华。福州开放为通商口岸后，英国殖民者先在福州市仓山区建立英国领事馆，同治九年（1870 年）又在马限山设立此栋建筑，供馆内工作人员及海员作为俱乐部使用。

第七章　船政宗教建筑

一、船政宗教建筑概况

船政主业为造船，又肩负近代化海员培养的重任。早期船政人员多有宗教信仰，中方人员大都信仰海洋保护女神妈祖，因此营建了天后宫用于祈福；英法两国洋员洋匠有不少笃信天主教，因此兴建了各类西式教堂建筑开展宗教活动。但由于宗教信仰之间的壁垒，船政内部的中外宗教建筑在地理位置上相隔较远。

二、船政宗教建筑详览

1. 天后宫

建筑功能

船政中方人员供奉妈祖的宫庙。

建筑沿革

1868 年夏建成。

从 1866 年到抗日战争早期，天后宫均有和尚看守庙宇，宫中文物保存尚为完整。抗日战争到解放战争时期，宫中文物损失严重。1958 年“大跃进”时期，宫中文物继续遭到破坏，铜钟和铁鼎均已丢失。

1960 年 9 月，天后宫被征用为福州二十四中的教室使用。该建筑于 1971 年 11 月遭到拆除，拆除后的建筑空地及材料继续用于马江中心小学校舍的建设。中途历经几次拆除改建后，原本的船政天后宫建筑仅仅保留了正面一进的门楼、整体建筑的地基部分、石木结构八角亭以及天后宫前方的一处石栏杆平台，石栏杆平台整体呈长方形。

1980 年，马尾中心小学教学楼迁走，天后宫得以空置。

1989 年，原天后宫又遭到拆除，改建为教师宿舍楼。

1997 年，马尾当地信徒们集资重建天后宫大殿。

2006 年 10 月，马尾政府出资进行第二次重建，整个工程于 2008 年年初整体竣工。

建筑形态

清同治五年（1866 年），沈葆桢在马尾创办福州船政局。船政局中众多学生及雇员以福州籍为主，大多数人信仰妈祖，同时在新船开工及下水仪式中都有着祭祀妈祖的传统。船政局第一次建造蒸汽动力军舰时，虽然当时还未设立祭拜妈祖的祀神场所，但沈葆桢为了祈福，主持举行了妈祖的祭拜仪式，由于没有特定的祀神场所，因此仅仅在船政衙署中临时设妈祖神位。同治七年经沈葆桢主持，专门用来祀神的宫庙在马尾婴脰山上建造起来，命名为船政天后宫。

船政天后宫外立面

为了修建天后宫，又从船政衙门向婴脰山修建了一条小路，直达半山腰上的天后宫工地。1868 年初动工兴建天后宫，当年 6 月 21 日竣工，工料费用支出 3082 两银。

船政最初建造天后宫的主要目的在于克服未知风险，祈求平安顺遂。为了提升马尾船政天后宫的名望与正统性，船政大臣沈葆桢请求同治皇帝赐悬御书匾额，同治帝欣然同意，亲笔题写了“德施功溥”“天上圣母”两块匾额赐予天后宫。从择地选址上看，船政天后宫、船政衙门、船政十三厂处于同一中轴线上，正面的白龙江、乌龙江和琴江三江交汇，背山面水，组成了理想中的中国传统建筑群格局。

历经第二次重建后的马尾天后宫总占地面积为 7205 平方米，建筑面积为 1500 平方米，整体建筑风格具有明显的清式建筑特点，马尾天后宫呈中心对称分布，共有二进二院。一进先看到的是门楼部分，下中庭由戏台部分组成，中上庭则是拜阁；二进为大殿，殿中主要供奉妈祖，配祀临水夫人及柳七娘等神像。后院则主要是魁星阁，配以绿植，环境清幽。因其上下中庭、大殿、魁星阁均用菠萝格木作为材料建造，因此马尾天后宫成为全世界唯一一座木架构天后宫。

在天后宫的众多建筑中，门楼往往是其标志性建筑。船政天后宫的门楼高 12.29 米，面阔 32.55 米，翘角为闽派。顶部巍然屹立，屋檐翼角反翘，整体气势恢宏并配有江南特色砖雕。入口处的大门表面刷朱红色漆，整体高 3.8 米、宽 1.85 米，两侧的边门高 2.9 米，宽 1.3 米。大门上方雕有“天后宫”三个金字，并采用大理石人工雕琢而成。同时，为纪念三坊七巷中的众多船政官员，“天后宫”的拓片也是采用三坊七巷版本。以此纪念，追忆伟人。

船政天后宫的主殿面阔 19.2 米，进深 11.4 米，主殿屋顶为单檐两坡顶，大殿内天花的藻井部分装饰纹样由龙凤组成，部分工艺使用贴金处理。屋顶部分的正脊、檐角、防火山墙及宝顶等细部装饰都富有明显的福州当地建筑风格。大殿中间摆放的妈祖、临水夫人、柳七娘等神像由佘国平先生亲手制作描绘，其制作工艺采用脱胎和彩绘两种，工艺手法极具福州地方特色。主殿内的神龛、供桌都由红木及加拿大桧木雕琢而成，左右则是十八般武器以及千里眼和顺风耳神像。原天后宫仅在主殿供奉天后妈祖一座神像，重建后的天后宫不仅主祀林默娘神像，而且陪祀诞生自福建本地民间信仰的临水夫人陈靖姑及柳七娘。

戏台是天后宫中最精美的部分，旧时在春节、天后神诞、中秋节等节日经常请戏班来表演，既是娱神、也是娱人。重建后的戏台整体大小为 30 平方米，屋顶为单檐歇山顶，檐角尾部高翘，穹形藻井由板榫搭接而成，精巧华丽。上方挂有“莲山自在”“依岸听涛”两块匾额，结合木雕、砖雕、石雕、贴近等工艺，具有江南特色。

魁星阁是重建后的天后宫的又一代表性建筑。魁星阁整体梁架结构为穿斗式木结构，屋顶为四重檐歇山顶。整个建筑单体可分为两层，上层屋檐翼角高翘，隔断部分由门窗构成，并附有精美雕花纹样；下层不属于正式房间，上下穿枋承挑悬出的走廊，回廊悠长曲折。

2．马尾天主教建筑群

马尾天主教建筑群坐落于马尾三岐山麓，主要包括马尾天主教堂主楼、马尾天主教堂育婴堂（也称马尾天主教堂男修院）、马尾天主教堂女修院三座主要建筑。

马尾天主教建筑群的始建时间要追溯到清同治五年（1866 年），福州船政局创立后，船政局内众多员工都有宗教信仰需求，其中洋匠大多携带家属且多为天主教教徒，因此英法两国工人在洋匠房附近各建小教堂。1868 年，西班牙神甫在三岐山修建石砌双层房屋作为宿舍。1882 年，马尾天主教内法国国籍工作人员的合约到期，回到法国，石砌双层房屋由天主教会接管。

马尾天主教建筑群

1885年，天主教会以石砌双层房屋为基础修建马尾天主教堂并开展宗教活动，接纳当地天主教徒，同时创办育婴堂、仁慈堂。

1903年，三岐山上又加盖新式教堂，整体结构为新式砖木结构，整体工程由法籍员工杜业尔负责开展，共建成男、女修道院和主教堂各一座，每组建筑由南向北排列，共占地约200平方米。

“文化大革命”期间，该建筑群的主要功能发生变化，原来的宗教活动被迫停止，改为教学场地使用，整个建筑群由福建省马尾造船厂和福州第二十四中学接手管理，并作为学校宿舍使用。

1981年，教堂产权重新退还给教会。

1996年，当地天主教会对教堂进行翻新重建。现存天主教堂面积约1800平方米，高8.5米。

马尾天主教堂外景

（1）马尾天主教堂主楼

建筑功能

马尾天主教会的宗教活动中心。

建筑沿革

1885 年始建。

1903 年，经由法籍监督杜业尔重新建造成砖木结构的新式教堂。

“文化大革命”期间停止宗教活动，并由福建省马尾造船厂及福州第二十四中学作为宿舍使用。

中共十一届三中全会后恢复其活动，并于 1996 年对主楼进行了重新修整。

建筑形态

马尾天主教堂主楼位于马尾婴脰山，始建于光绪十一年（1885 年），当地天主教会以小修院宿舍为基础创立天主教堂。主教堂为砖木结构，

马尾天主教堂内景

清水青砖墙体，整体建造形式为中世纪罗马风，占地约 2007 平方米。马尾天主教堂主体建筑由神父楼、祈祷厅、祭台、门楼以及祭衣房五个部分组成，建筑单体之间相互连接。神父楼通面宽 9.8 米、进深 16 米，檐口处高度约 9 米，屋顶结构为封护檐式四坡顶。建筑内的祈祷厅与祭台的鸟瞰图整体呈“凸”字形，双坡顶。祈祷厅面阔 23.5 米、进深 11.4 米、脊檩高 7.5 米。建筑大门向东侧开，高大门楼中空仅一层，内部屋顶高 10.2 米，下面承接拱门，高处的门额匾写有“天主堂”三字，上半部的建筑结构依次为拱形窗、圆形窗、三角山花及十字架。

（2）马尾天主教堂育婴堂

建筑功能

马尾天主教会管理的孤儿院。

建筑沿革

1882 年，法国教会在三岐山西侧建造育婴堂用以收养弃婴，但实际上的救济之举多依赖当地人士行善施舍。

法国天主教会于 1949 年增建马尾仁慈堂，竣工后由法国沙德圣保禄女修会负责管理，育婴堂则作为仁慈堂的一部分使用。

民国三十七年（1948 年）该建筑更改名称，从仁慈堂更改为育幼院或孤儿院。

因年久失修，于 2005 至 2009 年间坍塌，目前仅保留部分遗迹。

建筑形态

马尾天主教堂育婴堂（也称男修院）属于马尾天主教堂建筑群之一，位于马尾天主教堂小修院西南侧。育婴堂的建筑风格具有明显欧式建筑特点，建筑结构由砖木组成，面阔 16 米，进深 14 米，门窗部分则主要由拱券装饰，建筑罩面施水泥。

（3）马尾天主教堂女修院

建筑功能

供马尾天主教会修女生活使用。

建筑沿革

根据其建筑风格判断马尾天主堂女修院应建于法籍监督杜业尔重修教堂之后，时间约在光绪二十九年（1903 年）前后。

1949 年后，女修院北楼加盖了一层，该建筑群保存至今。

马尾天主教堂女修院外景

建筑形态

该建筑坐落于天主教堂主楼北部，由南楼、中楼、北楼三栋建筑共同组成。1949 年之前均为两层，1949 年之后北楼改为三层楼。三栋建筑依次排开，楼房之间用走廊相连接。窗户均开向东侧，房门则面朝西侧走廊。楼上为走廊开窗，楼下走廊则为开放式拱券柱廊，共 30 拱，总长 83.6 米。此外，在南楼南端设置殖民地式外廊，与主堂呼应。

第八章　船政工程建筑

一、船政工程建筑概况

（一）三大时期

根据福建船政造船的工艺发展，船政可以大致划分为木构船制造时期（1866—1874 年）、木铁合构船时期（1875—1886 年）和钢船制造时期（1887—1907 年），这一时期的工艺发展并不是延续性的逐步转变，而是呈现出跳跃式的发展，如钢船的出现让木铁合构船迅速消失。首先是木构船时期，这一时期福建船政经历了选址、整治基地、建设厂房及建造相关辅助设施等一系列筹备工作后，福建船政基本已成雏形，造船事业也就此拉开帷幕。木铁合构船顾名思义材料以木材与铁为主，主要以铁肋与其他金属为骨架，外覆木壳船面而制成，比木船更加坚固，战斗力也得到极大提升，此时铁肋船的种类也较为丰富，出现了铁肋快船、巡海快速船、快碰船（早期巡洋舰）等，在航海事业中担任不同用途。1886 年 12 月，船政开始动工仿制国外的双机钢铁兵船，并且由船政第一批制造专业的毕业生魏瀚、杨廉等自行设计制造，至 1889 年我国第一艘钢铁战舰“平远”号建成，标志着我国造船业正式进入钢船时代。

（二）五年计划目标

船政开始建设铁工车间用于生产蒸汽机、锅炉建造的轮机等部件，并以车间建成之日为始开始五年计划，即五年内受雇洋员必须指导和协助船政工人完成16艘蒸汽动力军舰的建造，其中11艘应为主机功率达到150马力的大型轮船，5艘为功率达到80马力的小型轮船。大型轮船的船型预计仿照西式军舰且运货承重能力标准为1万米石，计划规定：除最初的2艘轮船的蒸汽机以及锅炉可为进口设备，剩余轮船必须为由船政自产的与轮船配套的锅炉和蒸汽机。小型轮船的船型参照西方炮艇，但需具备载货能力，其中小轮船的蒸汽机和锅炉拟计划2套从国外购买，3套由船政自主仿造。

在中法合作的五年计划结束后，船政实际建成9艘150马力的军舰、5艘80马力的军舰以及1艘250马力的大军舰（抵消2艘150马力军舰的目标），成功向中国海防输送了一批宝贵的近现代舰船装备，并且成功实现了当初拟定的由中国技术人员独立设计、建造蒸汽动力舰船及配套设备的目标。

（三）置办物资

为了节约造船时间，尽快开始马尾的基础建设，法国购买机器的行动计划主要分为两步进行：一是先行安装相对简易和现成的与船体建造以及拖船坞建造相关的设备与物料，完成后由日意格带回马尾进行安装并且开始建造船体，此步骤运输预计耗时5个月；另一部分需要订制后等待较久生产时间的铁工车间机床设备、造船配套所需要的蒸汽机、锅炉等，则由德克碑留法持续监督，待完成后与雇佣的法国员工、匠人一同前往马尾进行舰船动力系统安装，以及开始轮机和锅炉的仿制，预计耗时11个月。1867年7月15日，运载着建造船体所用的机器设备（主要为木工设备）、物料（包含250吨铁料）的西式风帆从法国驶往马尾。1867年8月19日，日意格及造船相关洋员乘坐蒸汽动力邮轮前往马尾。1867年9月、10月、12月，由德克碑监制的铁工车间各种设备分三个批次开始陆续向马尾运输，历经半年后成功抵达。

（四）第一座船台建成

船台是建造舰船的基础设施，一般造型多为前高后低的坡台，位置毗邻江海，整体的船体建造工程都在船台上进行，铺设龙骨、搭建肋骨、封顶船壳板，过程中还需要利用木撑等装置从左右抵住船体防止翻倒，并搭建简易板棚为建造中的船体遮风挡雨。1867 年秋天，船政第一座船台开始建设，船台的建设工程是从搭建施工桁架和云梯开始的，随后由几十人在桁架上拽拉重达 700 斤的大铁锤（按库平单位换算为 400 公斤），将长达二三丈的木桩（按照营造尺换算，约 6.4—9.6 米，后单位换算方法亦如此）夯砸进地面作为地基后，将枕木横向铺置于木桩上，枕木间的连接则使用长 4 尺、直径 4 寸（长约 1.28 米，直径约 12.8 厘米）的铁钉连接，形成枕木面。接着重复上述工艺步骤，层层堆叠钉连枕木，直至形成前端高，后端低且低位毗邻江海的船台。其中最宽的一摞枕木为叠压在底部与地基相连接的枕木，约 2 丈 5 尺（约 8 米），最上层即船台顶部的枕木最窄，约 5 尺（约 1.6 米），整座船台从前到后共有 55 摞枕木构成，总长共计 24 丈（76.8 米），前端高 1 丈 6 尺 5 寸（5.28 米），末端总高为 1 尺 6 寸 5 分（0.52 米），船台建造耗时长达 3 个月，动用工人百余人，最终在 1867 年 12 月 30 日竣工。

二、船政工程建筑详览

1．“万年清”号——150 马力军舰

“万年清”号为船政第一号大型舰船，由船政大臣沈葆桢亲自命名，包含着江山万年的美好寓意。由于这一时期的船政尚未具备独立建造大型蒸汽动力军舰的能力，因此“万年清”号的建造过程既拉开了中国大型军舰建设的帷幕，也是一次由法国技术团队带领中国技术人员进行手把手教学的重要实践。

这一时期的船政并不能独立建造用于军舰的蒸汽机与锅炉等核心部件，也不具备制作金属部件以及舾装舰船的能力，因此“万年清”号的设备基本为日意格和德克碑从欧洲订制再运回马尾进行组装，设计图纸也是来自法国。该舰船是船政制船的开始，因此在建造过程中，工人们的主要任务就是通过本次实践，在法国技术人员的教学指导下，学习如何设计近现代的舰船施工图纸、如何使用工具制作蒸汽动力驱动以及西式舰船的舰体构造工艺要求等。

1867 年 10 月 12 日，船政于法国聘请的总监工达士博到达马尾，开始造船前的教学工作。达士博与日意格带领团队将 150 马力军舰的船体图纸按照 1∶1 的比例放大，以此作为教习材料，让中国木匠熟悉设计图纸和工程图的绘制，并且学习外文、阿拉伯数字和应用线条绘制图纸。

1867 年 12 月 13 日，马尾船政收到第一批在外采购的造船所需的锯、刨等近代木工机器设备。于是在西方技术人员的操作示范或直接教导下，中方工人开始学习操作这些机械化的木工加工硬件设施，自此船政具有了根据图纸加工木制舰船所需龙骨、肋骨、船壳板等大型木制舰材的能力。

“万年清”号外立面

1867 年 12 月 30 日，船政第一座船台建成，这是用于组装船体的基础设施。同时，由德克碑监制的舰用蒸汽机、锅炉等设备与在外采购的用于造舰的木料也抵达马尾，待船政工人将造船所需要的龙骨和肋骨等部件加工出来后，中国第一艘 150 马力军舰的舰体装配工作也就正式开始了。

根据船政五年计划目标可知，“万年清”号的舰体是仿照西法而造，首先是铺设舰船的龙骨，其次安上首柱、尾柱，并且装配肋骨和梁柱，在甲板铺设完成后钉封船壳板，然后用油灰填充木制板材之间的缝隙，而后安装桅杆、轮机，最后舾装结束后，舰体的制作便算是结束了。西式木制船在选材上极为严苛，基本只使用橡木、柚木等具有耐腐蚀性、防水且不易变形的木材来制作舰船的龙骨、船壳、甲板和桅杆，“万年清”号依据西式选材法则，将柚木作为舰船的主要材料，然而这一时期中国境内没有大量生产柚木的区域，因而船政只能派人前往暹罗（今泰国）、缅甸等盛产柚木的地方进行采买。

1868 年夏季，木匠们开始制作“万年清”号舰船的木舾装件，并且将蒸汽机与锅炉等动力系统设备装置于舰船中。次年 5 月中旬，船政工人们在安装完桅杆座、锚绞盘以及隔舱板等部件后，用铁皮将舰体水线以下部位包裹起来，此举也是学习了西方当时传统的防止海水腐蚀的方法。所有的工序都完成后，船政第一号军舰“万年清”的舾装工作就算是大致完成了。

1869 年 6 月 10 日中午时分，为“万年清”号举行完下水仪式后，船政工匠们将舰体两侧的支架与撑杆拆除，锯断用于固定舰首的托架，在马

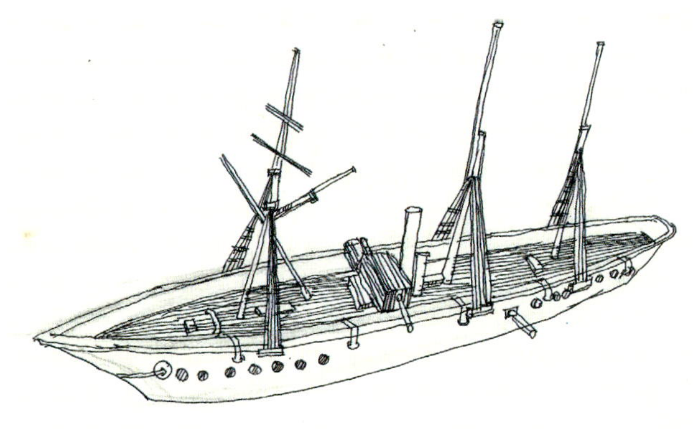

“万年清”号透视图

江涨潮的时候让舰体顺着船台落入江面，就这样耗时两年凝聚着全体船政成员心血的“万年清”号正式顺利下水。舰船顺利下水之后，关于船上舰员的相关配备和训练也正式开始了，并且在同一时期，船政工匠们也抓紧时间对最后舾装和装修工程进行收尾。至 1869 年 9 月，全舰工程全部完工，开始检测航试。

1869 年 9 月 18 日，在闽江内河一线如闽安、琯头等地，开始第一次“万年清”号水上航试和检测改舰的轮机。9 月 25 日航试完成，沈葆桢与日意格一起登上“万年清”号，携众人前往海域开始最后的航行测试。最终得出的测试数据显示，“万年清”号的螺旋桨转速可超 4680 圈 / 小时，顺风顺潮时航速为 14 海里 / 小时，在风微浪稳时速度每小时能达到 12 海里，即便是在逆潮逆风时舰船每小时的航速也可达到 10 海里，已经完全达到西方造船的规定标准，故而“万年清”号的航试顺利结束，这艘拉开中国近现代军舰史帷幕的大型军舰正式宣告竣工。

类型：对于“万年清”属于什么舰种，船政并没有进行明确说明，但是从舰船的外观可以看出，“万年清”号的外形是仿造西方 19 世纪中盛行的一种名为“飞剪船”的外观，这种船型的蒸汽动力炮舰在六七十年代的西方国家十分流行。依照当时世界主流的英国海军的分类标准对“万年清”进行分析，即便舰上设置有货舱，具有运输功能，但是由于军舰特征远显著于商船特征，因此“万年清”实际上还是属于炮舰（即一种惯用于近海巡防、交通通信，应用火力压制岸上目标的多面手军舰）。同时，“万年清”与当时流行的蒸汽动力军舰一致，都设置了风帆装备，这是为了让舰船在无法使用机器提供动力时仍然可以依靠风力继续航行。“万年清”号前桅杆装有张挂横帆的横桁，其他桅杆上装备张挂纵帆的斜桁，如果按照当时欧美的帆船标准加以归类，它应当属于前桅横帆式三桅帆船。综上，“万年清”的分类全称应为“前桅横帆式三桅木制炮舰”。

参数：“万年清”属于快速军舰，舰上布局由单个烟囱和三个桅杆组成，船只的总排水量高达1450吨，且舰体全部由木料构成，水线深68.02米，舰船首尾长度共计76.16米（舰首斜桅长度不计于内），军舰最宽处为8.9米，且舰船长宽比超过8。在空船与满载时船体浸入水中的深度相差较大，据资料记载，“万年清”号在空载时舰首水线浸入1.76米，舰尾则是2.69米；而在满载时舰首吃水的深度为4.03米，舰尾与军舰舱吃水深度则分别为4.64米和5.33米。

动力系统：船政为“万年清”选择的主机是一座立式双缸蒸汽机（即蒸汽机的汽缸置于曲轴的上方），主机高度为3.84米，底座宽度为2.88米，机长3.2米，功率为580实马力（即150虚马力），配2座以煤作为燃料的方形低压火管锅炉。因为“万年清”舰体比较窄的缘故，因此2座锅炉只能以一前一后的方式装置，其中锅炉门向着军舰前方的锅炉一共有5个炉门，高度是3.39米，宽与纵深分别为5米和3.16米；另一个锅炉的高和纵深数据与前者一致，但是宽只有4米，且只有4个炉门。前后紧贴的锅炉共用一个燃烧室，并且在两个锅炉的炉门前边分别装备了一座煤舱，两座煤舱共可以装载100余吨的燃煤。

“万年清”号启航

武备装置：“万年清”采用了传统的船边列炮的形式，在露天甲板设的两舷预设了炮位，以满足作战需求。根据直隶总督崇厚校阅该舰后的上奏资料记载，“万年清”上载有6门火炮，其中有2门为铜制火炮、4门为钢制火炮，均为当时的新式线膛炮，但具体型号不详。

2. “湄云”级——80马力军舰

“湄云”号

五年计划中的80马力的军舰与具备军商两用功能的大型军舰不同，这种80马力的小型军舰在一开始的设计中就被设定为只具备作战功能的军舰，即一种小型的用于火力支援的军舰炮艇。虽然在西方海军舰艇分类系统中，炮艇与炮舰的设计及功能用途基本一致，但是会依据军舰排水量的不同而作不同的划分：排水量在1000吨及以上的军舰称为“炮舰”，排水量小于1000吨的则称为“炮艇”。

（1）“湄云”号

船政第二号军舰被沈葆桢命名为“湄云”号。1869年2月8日，在船政二号船台上，由洋工总监达士博带领团队开始制作。在积累了建造大型军舰的经验后再制作体量较小的军舰，中法技术人员的施工变得更加得心应手。因此，同年12月6日，船政第二号军舰便基本竣工并且顺利下水。

因为“湄云”与“万年清”上的许多舾装件都是通用的，所以船政在建设过程中便无需再绘制舾装件设计图和进行开模；同时，由于“湄云”的舰体较小，故而很多舾装的工作仅仅在舰台上便能开展，节约了许多建造的流程与时间。有了“万年清”的建造经验后，“湄云”在下水后的第二天就立马开始检测轮机性能，并在1870年1月10日开始出海试航，至2月3日试航结束检测合格，“湄云”号圆满竣工。

类型：“湄云”号与“万年清”号一样，设计样式都是来自法国，舰体由全木制成，外观仿造十九世纪五六十年代法国海军曾使用过的一种小型炮艇，舰船船型为平甲板船型，整体布局由双桅杆加以单烟囱组成，舰上如“万年清”号一般装备有帆船设施，并按照前文提及的风帆舰船分类法，被归属为“前桅横帆式双桅船”。

参数：“湄云”号体量较小，整船大小约为“万年清”的一半，舰船的排水量达到515吨，全舰长、宽分别为51.8米和7.48米，军舰舱深4.57米，吃水线为3.39米。

动力系统：“湄云”号采用一座功率为320实马力（即80虚马力）的卧式双汽缸往复蒸汽机作为主机，安装了两座方形低压燃煤火管锅炉。虽然“湄云”号的主机功率比“万年清”号低许多，但是它采用了一种更适用于军舰的卧式蒸汽机（即以平行的方式布置蒸汽机的汽缸和曲轴），这种蒸汽机虽然高度低于立式蒸汽机，但是由于在轮机舱的平面占地面积大，因而能够在舰上的位置保持军舰的吃水线的深度，让军舰在作战过程中不易中弹，从而大大提升军舰的安全性。

武备装置：“湄云”号的武备布局是将换门架式主炮与舷侧炮组合起来，这种组合方式也是当时世界上的主流布局形式。此外，“湄云”号在主甲板的中前部位置安装了1门应用换门架的70磅的前膛大炮作为主炮，火炮的口径为160毫米，这种类型的火炮的优势就在于可以顺着甲板上的装置轨道移向左右两侧的舷墙炮门，然后向外射击，以此增加进攻的灵活性，增加火力的覆盖范围；位于舰船后方两舷边的副炮则是2门口径150毫米、重达40磅的前膛炮，船政还另外为“湄云”号安装了4门重量为13磅的小型火炮作为辅助武备，用于提高作战时的军舰火力。

（2）“福星”号

“福星”号为船政第三号军舰。在“湄云”号下水的第二天，“福星”号在刚建成不久的三号船台上开始动工。按照西方将同样设计的舰船并为一级、以首制舰作为级名的命名习惯，“福星”号可以算为“湄云”级军舰，该舰是在接任达士博总监工职位的法国工程师安乐陶的监造下完成的。该舰从开工建造到1870年5月30日下水，仅历时6个月，由此可以感受到船政建造军舰的技术突飞猛进。

“福星”号

武备装置：“福星”与“湄云”在性能指标和各项设计上都相同，但是在武备系统上则略有出入，“福星”号配备的主炮是1门从英国购入的“威斯窝斯”式70磅（160毫米口径）前装线膛炮，这种火炮比“湄云”号装备的火炮更为先进，原因就是这种前装线膛炮采用了六边形的炮膛截面，炮弹与装药筒的形状也是适应炮膛的六边形，这样就可以在火炮发射时让炮弹旋转而

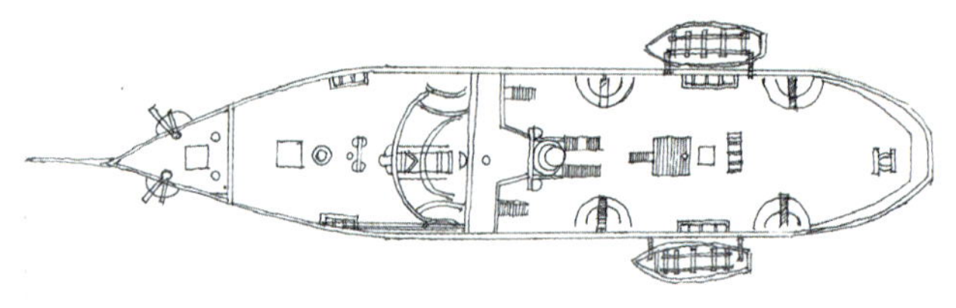

“福星”号平面图

出，获得更稳定的弹道，从而提高攻击力。副炮选择的是从英国购入的4门“瓦瓦苏尔”式14磅前膛炮，比“湄云”的40磅副炮威力弱。

3．“伏波”级——150马力改进型军舰

（1）“伏波”号

这是一艘150马力的大型军舰，也是船政的第四号军舰。整个军舰的设计是在“万年清”的设计基础上进行了大刀阔斧的调整，主要是为了解决之前在“万年清”中体现出来的外国军舰在中国海域航行时出现的“水土不服”的问题。

“伏波”号

在“伏波”号的设计中，船政工匠结合“万年清”的船体设计、“湄云”号的帆装设计和武备配置，解决出现在“万年清”号中的大型军舰与中国水域不适应的问题。并且此次设计所采用的图纸并非从法国购入，根据推测应是由船政绘师院自主绘制，因此船政第四号军舰的建造也可以视为船政开始自主研发舰船的开端。最后，在中外工程人员的共同努力下，第四号军舰的舰体建造工作仅仅消耗了6个月就完成，并且在1870年12月22日顺利下水开始航试，1871年4月1日，航试合格，“伏波”号正式竣工。

类型：“伏波”号蒸汽动力炮舰依旧是由木料组成，船型设计虽然与“万年清”号相似，外观依旧采用了“飞剪式”，但舰体略短。整体布局与“湄云”级军舰一致，采用双桅单烟囱的形式，在舰上装有2根桅杆。按照风帆舰船的分类，与“湄云”级一样都属于前桅横帆式双桅船。

参数：“伏波”号的排水量高达258吨，舰体全长69.6米（除去船首斜杆长度），舰船宽度为11.2米，长度比“万年清”短7米，军舱深度为5.28米，水线长为60.96米，吃水深为3.51米，视觉上较“万年清”更短、胖，但是这种尺度带来的变化却使得“伏波”号的货舱载货能力远远高于“万年清”号，达到了560吨。

动力系统：“伏波”号和“万年清”号一样，采用的蒸汽机与锅炉都是在法国采购运回，但是主机却采用了一种功率为600实马力（即150虚马力）的二汽缸往复立式蒸汽机，同前面建造的舰船一样，都是配套2台方形低压燃煤锅炉。

武备装置：武备配置方式与“湄云”级一致，但是作为大型军舰的“伏波”号采用的船旁列炮式设计却与“万年清”号不同。该舰在主甲板上装置主炮是1门口径为120毫米、重达114磅的“阿姆斯特朗”式前膛炮，这一火炮可以通过炮架推动转向左、右舷的方向去配合装置在军舰两舷的多门副炮，其中副炮有2门为重40磅、口径为150毫米的“阿姆斯特朗”式前膛炮和4门120毫米口径的“瓦瓦苏尔”式后膛炮，因而在武器装备方面，“伏波”号拥有着远超“万年清”和“湄云”的军事实力。

（2）“安澜”号

船政建造的第五号军舰，也是“伏波”级军舰中的第二艘舰船，之所以被命名为“安澜”号，是因为寄托了船政全员军舰在海浪波涛中平安驾驶的美好心愿。舰船于1870年11月26日开工，各项设计性能与规格依循“伏波”级，但进一步缩小了舰体的规模；并且“安澜”号在蒸汽动力系统的技术上、在武器装备上都发生了显著的变化。

参数：“安澜”号全舰长度和宽度分别为64米和9.6米，军舰舱深5.7米，舰首与舰尾的吃水深度分别为3.2米和3.8米，最高载货量高达400吨。在“安澜”号军舰装备完轮机系统后，便按照以往的流程对这艘新造的军舰进行轮机试机并前往海域进行一系列的航试，最终测得“安澜”号在顺风顺水时的航速为12海里/小时，逆风逆浪时航速可达9.3海里/小时，平均速度达到10海里/小时，达到了预期的设计指标。这也证明了由船政自主生产的动力系统性能合格，船政的建造技术水平自此迈入可以自给自足的新阶段。

动力系统：在船政第五号军舰的建造中，最值得注意的技术变革是该舰采用的2座方形低压燃煤锅炉、150马力二汽缸往复式立式蒸汽机全部由船政锅炉车间自主仿造。这也就意味着从第五号军舰开始，船政制造技术取得了里程碑式的突破发展，拥有了自主建造船舰动力系统的能力。

武备装置：在建造“安澜”号之前，船政的军舰火炮的装备主要以当时世界海军流行装备的前膛炮为主，但是船政技术人员发现后膛炮从尾部装置弹药的设计比炮口装置弹药的前膛炮的作战效率更高，因此船政迅速为新军舰“安澜”号装置上了这门新型火炮。在具体配置上，“安澜”号的主炮选用了1门重62磅、口径为160毫米的后膛炮，并且选择了4门重40磅、口径为120毫米的后膛炮作为自己的副炮。据学者考究推测，前者为“格鲁森”式后膛炮，后者为“阿姆斯特朗”式后膛炮。

（3）“飞云”号

“飞云”号是船政建造的第八号军舰，也是“伏波”级中的三号舰；于1871年8月中旬开始建造，到1872年6月3日顺利竣工并且下水检验。

（4）“济安”号

“济安”号既是“伏波”级中的四号舰，也是船政建造的第十一号军舰。军舰于1872年10月23日开工，在1873年1月2日顺利下水。

船政续造的这两艘“伏波”级军舰的动力系统装配的蒸汽机全部由船政自主建造，两艘军舰的外观尺寸参数除了在舰宽上要比“安澜”号略大，其余的各项数值、武备装置的模式与型号等均和前面制造的“安澜”号一致。

（5）“元凯”号

船政第十六号轮船，木肋木壳，舰型为“伏波”级150马力军舰；于1874年12月5日铺设龙骨开工建造，次年6月4日顺利下水开始适航，整个建造过程耗时约半年，最终经测试，各项参数都符合设计标准而顺利竣工。与前面所建造的军舰不同，在建造“元凯”号时，船政的5年计划已经结束，所以从法国聘请而来的工匠、员工都已经全部离开马尾，因此“元凯”号的建造是船政前学堂毕业的中国工程师全权负责。可以说，这也是马尾船政造船以来第一艘全部由中国技术人员监造的军舰。

参数：“元凯”号的体量要介于“伏波”号与“安澜”号之间，据清代“浙江镇海口海防布置战守情形图”中对于“元凯”号形象的分析，“元凯”号装置了3桅杆的帆装，造型上区别于双桅杆的“伏波”级军舰。具体的长度与宽度分别为66.56米、10.24米，总排水量高达1258吨，军舰舰舱深5.28米。

动力系统：“元凯”号动力系统由150马力蒸汽机和2台方形低压燃煤锅炉组成，航速为10海里/小时。

武备装置：在“元凯”号建造期间，船政的财政问题进一步加剧，甚至连购买新火炮的资金都无法支付，最终在各方的努力下，“元凯”号才装备上了3台火炮作为武备，据推测，主炮应为重70磅的“威斯窝斯”式前膛炮。

（6）“登瀛洲”号

“登瀛洲”号军舰是木肋木壳构成，模式上沿用“伏波”级军舰，全舰依旧是由船政技术人员自主设计建造，也是船政的第十八号舰船。

参数：“登瀛洲”号的排水量高达 1258 吨，舰首与舰尾之间的垂直线间的长与宽分别为 65.4 米和 10.72 米，舰首吃水深度为 3.52 米，舰尾吃水深度为 4.16 米。

动力系统：“登瀛洲”号的动力系统是由 1 座双缸蒸汽机和 2 座方形低压燃煤锅炉构成，采用的是单轴单桨推进的模式，功率可达 580 马力，皆为船政自主设计。拟定军舰航速为 10 海里 / 小时。

武备装置：这一时期船政的财政问题还是没有解决，因此“登瀛洲”号原先预设的装置计划并未实现，只能暂时安装 1 门口径 160 毫米、重 70 磅的“威斯窝斯”式前膛炮作为军舰的主炮。一直到 1878 年，在江南机器制造局的支持下，“登瀛洲”号才完成原设计中的 6 门舷侧炮的安装，推测火炮型号为口径 120 毫米的“瓦瓦苏尔”后膛炮。

（7）“泰安”号

“泰安”号是丁日昌在接手管理船政期间下令监造的唯一一艘舰船，是船政的第十九号军舰。在舰型的设计模式上沿用“伏波”级炮舰，各项设计数据与“登瀛洲”一致，并且“泰安”号也是马尾船政建造的最后一艘全木制的大型马力炮舰。

1877 年 3 月 15 日，“泰安”号在完成舾装等各项工艺顺利下水后，便开始了一系列的系泊试机和内河航试等检测试验，并于 5 月 3 日前往海域进行最终的航试，最终符合设计标准顺利竣工。据资料记录，船政投用在“泰安”号上的建造成本约为十六万二千六百九十四两六钱三分六厘九毫白银。

4. “永保”级——150 马力运输船

（1）“永保”号

在建造“伏波”级五号舰时，船政的财政赤字问题已经十分严重，无力再在即将建造的新的大型军舰中投入充足的装置资金，因而为了不搁置船政的造舰计划又能解决经费短缺的问题，沈宝琛决定将原计划投入到军事作战中的“永保”号大型军舰改制为用于从事商运的兵船，以期增加船政的盈利收入，解决经费短缺的问题。

改造操作：由于沈宝琛做出改制军舰的决定时，“永保”号舰体的建造已经进入到收尾阶段，故而只能与船政技术人员商议：如何能够在保留原舰体的基础上增加客舱和货舱区域的空间，从而让舰船成为具有商运功能的船只。经过一番调整与规划，船政技术人员最终决定在原设置武备的甲板处增加首尾楼供船员与乘客居住，而原先位于甲板下面的住舱空间则全部清空，将其改为放置货物的货舱，从而提高舰船的容纳量和载货量。

参数：改造后“永保”的舰体外观与“伏波”级军舰相似，包括舰长、舰宽和单烟囱双桅杆的甲板布局都与“伏波”级中的“济安”号一致。由于在甲板增建了首尾楼，舰船的排水量和吃水深度都比“伏波”级的军舰要大，在空载时排水量就高达 1353 吨，吃水深度也超过了 4 米。舰上的动力系统依旧使用的是船政自主生产的 150 马力的二汽缸往复式立式蒸汽机与方形低压燃煤锅炉。在 1873 年 8 月 10 日顺利竣工开始航试，最终检验得出航速可达 10 海里 / 小时，与“伏波”级军舰的测试数值相同，因而这艘由军用改商用的船政第十二号舰船顺利改造完成，宣布竣工。

（2）“海镜”号、“琛航”号和“大雅”号

在“永保”号顺利完成改造后，船政也将剩余正在建造中的 3 艘军舰全部改为商运舰船，它们分别是“海镜”号、“琛航”号、“大雅”号，并且在改建模式上沿用“永保”号的模式，外观参数设计等都与“永保”号保持一致。

5. “镇海”级——80 马力改进型军舰

船政在建造完成“湄云”和“福星”这 2 艘 80 马力炮艇后，将剩

余的 3 艘小型军舰都改进为“通报炮艇”（也被称为改进型炮艇），其目的主要是为了增加海军舰队在作战中的通讯能力，及时传达指挥命令等信息。

（1）“镇海”号

“镇海”号是船政建造的第六号军舰，也是船政第三艘用于军事作战的小型军舰。于 1871 年 3 月 29 日开工，同年 11 月 28 日下水，整个建造时间花费了 8 个月。该舰的总体设计包括外观和甲板布局等要素都与前面的“湄云”号和“福星”号相同，仅对军舰的排水量、主尺度等细节进行稍微改进。

参数：“镇海”号的长宽高等尺寸都较高于“湄云”号，这一设计参数的改动推测是船政为了提高“镇海”号的稳定性，使其即便是在恶劣的航行环境中也能够保持作战的能力。军舰长与宽分别为 53.12 米与 8.32 米，舱深 4.48 米，吃水深度达到 3.77 米，总排水量高达 572 吨。

动力系统：“镇海”号的动力系统装备的是 1 座 80 虚马力的双汽缸卧式蒸汽机和 2 台方形低压燃煤锅炉，其中蒸汽机是进口的而非船政制造的，预计航速为 9 海里 / 小时，整个轮机系统与性能基本与“湄云”号相同。

武备装置：“镇海”号装备的主炮与副炮的型号与“安澜”号一样，都是用 62 磅的“格鲁森”式后膛炮作为主炮，4 门“阿姆斯特朗”式后膛炮作为副炮。值得注意的是，“镇海”号其实是唯一一艘在 5 年计划中完全装备后膛炮作为火力的小型军舰。

（2）“靖远”号

“靖远”号是船政建的第九号军舰，是一艘 80 马力的炮艇，于 1871 年 12 月 1 日开始建造，军舰的舰体尺寸参数和动力系统装备基本与前面的“镇海”号一致；但是在武器装备选用的并不是后膛炮，而是选择了 1 门重量为 60 磅的“瓦瓦苏尔”式前膛炮作为主炮，4 门重量为 40 磅“瓦瓦苏尔”式前膛炮作为副炮。

（3）“振威”号

“振威”号是船政的第十号军舰，与“靖远”号一样都是 80 马力的炮艇，于 1872 年 6 月 24 日动工建设，舰船尺寸、动力装置等和“镇海”号相同；武器装备上选用了 1 门 70 磅法制前膛炮作为主炮，副炮的装置则是 4 门重量为 40 磅的“瓦瓦苏尔”式后膛炮。

6. “扬武”号——250 马力军舰

“扬武”号是船政的第七号船舰，也是船政五年计划中建造的火炮最多、火力最猛的一艘军舰。自夏献纶接任船政开始，就一直与日意格商讨想要建造出马力更高、战斗力更强的作战军舰去提高船政的整体战斗力。于是，船政第一艘装备着 13 门舰炮、250 马力的大型巡洋舰“扬武”号就应运而生了。

类型：如果根据“扬武”号的体量和武备装置数量来判断，它应当属于当时欧洲军舰分类系统中的护航舰，但是在新的舰船分类标准中，许多护航舰被重新纳入巡洋舰的范畴，所以“扬武”号在后世就经常被视为巡洋舰。“扬武”号的整体布局设计是由 3 桅单烟囱组成，并且这 3 根桅杆都配置上了可以张挂的横桁帆装，在外观上十分雄壮威武，由此依据帆船的分类，“扬武”号可以被称为“三桅全帆装护航舰”或“三桅全帆装巡洋舰”。

“扬武”号

参数："扬武"号是船政建造的第七号船舰，也是船政建造的第一艘巡洋舰，其母舰原型是来自于法国的"果敢"级巡洋舰。舰船舰体制作开始于 1871 年 7 月 12 日；船型为平甲板船型，舰首直立，虽然体积庞大，但是在舰船的外观上却与船政设计的 80 马力炮艇相近。全舰长 60.8 米，宽 11.52 米，总排水量高达 1560 吨，水线吃水深度 5.12 米，其中舰首浸入水下 4.48 米，舰尾 5.12 米。

动力系统：作为一艘纯战斗性的军舰，"扬武"号的轮机系统严格遵循军舰用样式，主机由 1 座双缸往复式卧式蒸汽机和 2 座方形低压燃煤锅炉组成，均为英国进口；而主机 250 虚马力的马力实数则为 1130 匹，军舰航速被设计成 12 海里 / 小时，与"伏波"级的军舰设计航速相似。

武备装置："扬武"号作为一艘纯粹的用于作战的军舰，在建造过程中对于一些细节部位都做出了相对应的改进设计。如将锅炉烟囱改为升降式烟囱，防止进攻的炮弹坠落进轮机舱；露天主甲板设计为开阔的平甲板，用于装置大量的火炮军械，提高战斗力；整个武备布局则为换门架式主炮和船旁列炮式副炮相结合，采用了有史以来最大口径的六角膛火炮作为主炮，副炮则有 10 门口径为 160 毫米的六角膛火炮和 2 门口径为 100 毫米、重达 24 磅火炮，数量与火力远远超过"伏波"级军舰。

7. "艺新"号——第一艘由中国工程师自主设计的军舰

如果说"元凯"号是第一艘完全由中国工程师自主建造的军舰，那么船政的第十七号军舰"艺新"号就是第一艘由中国工程师自主设计的军舰。"艺新"号的设计图稿是由福州船政学堂学生吴德章、汪乔年等完成。按照原计划，船政要再建一艘 150 马力的大型军舰，但是由于资金以及木材的短缺，最终只能调整计划去设计一艘较小体型且用料较少的木制军舰，此外船政的工程师们还需要负责军舰的动力系统设备的设计和建造。因此，“艺新”号的建成将马尾船政从国产化的阶段推进到了自主设计和建造的新阶段。

参数：“艺新”号是一艘小型的木肋木壳炮艇，体量与船政购入的“福胜”号和“建胜”号相仿，但是在设计上沿用了“湄云”号这些小型军舰的模式，可以载员 88 人，长和宽分别为 38 米与 5.44 米，总排水量为 245 吨，水线吃水深度为 2.43 米。

动力系统：“艺新”的动力系统由 1 座虚马力 50（实马力 200）的往复式蒸汽机与 2 座方形低压燃煤锅炉组成，皆为船政自主设计生产，竣工后在五虎门外的近海海域进行航试，测得航速 10 海里 / 小时，符合标准。

武备装置：“艺新”号的武备模式是由 1 门换门架式主炮与 4 门舷侧炮相结合，主炮为 1 门重 20 磅的前膛炮，舷侧炮分别为 2 门 6 磅重的后膛炮和 2 门 9 磅重的后膛炮。

8. 蚊子船——“福胜”号、“建胜”号

“福胜”号、“建胜”号由于船型体量较小，因而也被称为蚊子船。1874 年，船政委托载生洋行在英国的莱尔德公司订造，分别于 1876 年 2 月 5 日、27 日抵达马尾船政。这次定制的军舰是铁肋铁壳军舰，与以前的木肋木壳军舰不一样，并且在动力系统上也做出改进。这两艘军舰都配置了 2 座功率为 200 马力的双缸蒸汽机，采用了双轴双桨的推进模式，设计的航速为 8 海里 / 小时。

参数：“福胜”号、“建胜”号属于 1870—1874 年英国建造的“小蚊”级蚊子船，船政购入的“福胜”号、“建胜”号就是这一批蚊子船中的四百二十六号和四百二十七号。两艘舰船的参数值基本一致，舰长与舰宽分别为 26.5 米与 7.92 米，在舰船满载的情况下，吃水的深度为 1.9 米，并且在从英国航运回国的过程中还加装了 2 根桅杆与风帆，增加舰船在海上航行的时间，避免出现燃料供给不足的情况。

武备装置：两艘舰船都采用了 1 门口径 254 毫米的“瓦瓦苏尔”式前膛大炮作为主炮，比船政以往装备过的火炮的威力都要猛烈，并且主炮被安装在了舰船前方的舷墙内，方便进攻。

9. “威远”级——铁胁木壳炮舰

（1）“威远”号

“威远”号是船政第一艘铁胁船，它的建造可以说是中国军舰建造又一次在技术上取得了重大突破。与以往船政建造的木胁木壳的军舰不一样，“威远”舰的舰体全部是由金属组装而成，并且在组装工艺上与木壳木胁船截然不同，木制军舰的制造主要运用到的是刨捻钻等衔接工艺，但是铁胁船的制作则要求工匠们要熟练地掌握金属衔接技术。所以，“威远”号的舰体组装过程也是船政全体工匠自我突破和挑战的过程。

类型：“威远”的舰体铁胁是在法国购买回来的，在类别上依旧属于炮舰，但是船型要比之前的“伏波”级军舰更新。在船型上，将舰首改为撞角首增加进攻性；并且在甲板上增建首尾楼，作为舱室建筑供船员居住；此外主甲板设置了 3 根桅杆上配风帆装置，其中前后桅各带有 4 根横桁，后桅则只有斜桁，属于二枝半桅的形式。因此按照西方流行的帆船分类标准，“威远”号实际上是一艘“三桅后桅纵帆式”炮舰。

除此之外，“威远”号还在前桅和中桅之间设置了飞桥、驾驶室和烟囱，并且加设了两个巨型通风筒直通甲板下的锅炉舱，这种巨型风筒的样式与常见的圆形通风管并不相同，采用的是棱角分明的特殊样式，此后这种样式的通风管成为船政在军舰上的通用舰件。

参数：“威远”号的体量大小与之前木制的 150 马力炮舰相似，舰船首尾垂直线间长度为 69.47 米，宽度为 9.95 米，舰舱深 5.69 米，总排水量高达 1268 吨，其中舰首与舰尾的吃水深度分别为 4.92 米与 5.08 米。

动力系统："威远"号动力装备并非由船政制造，舰上装备的1座750匹实马力功率的卧式复合蒸汽机和2座圆形燃煤锅炉都来源于英国，并且将军舰的航速设计为12海/小时，但在经过最终的海上航行测试后，测出"威远"号的航速已经接近13海里/小时，完全超过预期的设计航速。

武备装置："威远"号的武备装置模式沿用之前的1门换门架主炮与多门舷侧炮相互配合的模式。其中，主炮选用的是口径170毫米的"阿姆斯特朗"式前膛炮，为英国进口；而副炮采用的是口径120毫米的"阿姆斯特朗"式后膛炮，有4门副炮被安装在了桅杆附近两侧的舷侧处，1门于首楼内部安装，还有1门被安装在了尾楼顶部的甲板上增加火力的覆盖面积。

（2）"超武"号

"超武"号是船政建造的第二艘铁胁轮船，也是"威远"级中的二号舰，于1877年7月29日开工，至次年6月顺利下水。舰船的各项技术指标和设计尺寸与"威远"号一致，并且"超武"号使用的新式蒸汽机和锅炉等铁制部件都是在外国技术团队的指导下开展的。

在舾装工程完成后，"超武"号就依照惯例开展了一系列的航试，最终测得主轴转速为95转/分钟，逆风逆潮时候的航速为12海里/小时，符合建造标准顺利竣工。

（3）"康济"号——铁胁木壳运输船

第三号铁胁轮船以运输为主要用途，所以仅仅是在"威远"级舰船的基础上增加其运输载货的功能，并未单独进行设计。

改造操作：取消甲板上的火炮装置位置，扩大首尾楼的容纳量，以腾出甲板下面的舱位来装载货物；将首尾楼连接成一体，组成一层舱室作为客舱，然后将驾驶舱与飞桥都挪到其上方；为了解决改造后重心不稳的问题，工程师们将原来装备的三根桅杆及其帆装设施拆掉。

参数：经过改装后的“康济”号在外观上完全是一艘客船的模样，仅能从其船型与各项参数指标上看出“威远”级军舰的影子。因为是在“威远”级的军舰上改造而来，所以它的舰体长和宽、舱深与吃水深度等参数与“威远”级并无两样，只是蒸汽机改用了1座功率为750实马力的立式复合蒸汽机，设计航速为12海里/小时。最终，于1879年12月14日开始航试检验，测得航速为原先设计的12海里/小时，成功通过检测投入使用。

（4）“澄庆”号

“澄庆”号是船政建造的第四艘铁胁船；值得一提的是，“澄庆”号的建造过程是由船政中国技术人员独立完成的，但是在设计参数指标上与前面建造的“威远”号一样。船只建造完成后便在1880年12月19日开始前往海域进行航试，最终测得顺风顺潮时航速接近13海里/小时，逆风逆潮时航速约为8海里/小时，顺利通过检验。在武器配备上，选用了1门口径为160毫米的“克虏伯”式火炮作为主炮，副炮则是由6门口径为120毫米的“克虏伯”式火炮组成。

（5）“横海”号

“横海”号是船政的第五艘铁胁轮船，虽然早在1883年5月17日就开始建造，但是在建造过程中受到了中法马江之战的影响，导致建造完成的舰体受损，直至战争结束后才完成了修补，于1884年12月18日才下水开始航试。

参数：“横海”号的设计参数基本沿用之前的“威远”级军舰，只有吃水深度的数据有着略微差别，舰首舰尾的参数分别为3.84米与4.47米。此外，工程师们还参照了“开济”号的设计进行了一些改良，最终让“横海”号在外观上神似缩小版的“开济”号。

武备装置：“横海”的武备装置又是一次前所未有的升级，整个火力系统是由6门口径152毫米的“阿姆斯特朗”火炮与4门“哈乞开斯”

五管机关炮组成。

（6）“广甲”号

“广甲”号巡洋舰是船政最后一艘铁肋木壳船，属于“威远”级的炮舰。全舰长度为67.66米，宽度为10.27米，总排水量高达1300吨。在武备装置上选用了3门口径150毫米的“克虏伯”式火炮作为舰船主炮，这3门主炮分别被安装在舰船中部的左、右耳台与舰尾处，副炮则是由4门口径120毫米的“阿姆斯特朗”火炮和4门口径37毫米的5管“哈奇开斯”速射炮组成。此外，舰船上还装置了2具鱼雷发射管用于进攻敌船。但是作为一个纯粹作战进攻型的炮舰，“广甲”号的防御功能却极为简陋，除了位于尾部的主炮有钢板作为防护以外，其余部位没有任何的防御装置。

10.“开济"级——巡海快船

（1）“开济”号

继“广甲”号巡洋舰后，船政建造的舰船基本为铁肋铁壳式，建造于“广甲”号之后的“开济”号巡海快船自然也不例外。铁肋铁壳军舰与之前的木肋木壳军舰在防止海水腐蚀的方法上略有不同，之前的船舰都是在木壳外包裹一层铜皮隔绝海水对木质舰体的腐蚀，而铁质舰体则是在船壳外部覆盖两层柚木层后再包裹铜皮。据资料显示，这种防止腐蚀的方法应当还是从法国船厂学习而来。

“开济”号作为船政建造的第一艘巡海快船，于1883年1月顺利下水，随后开始了一系列的航试工作，最终数据检验得出“开济”号在逆风逆潮时的航速高达16海里/小时，指标远超初期预设的15.5海里/小时，宣告顺利竣工。

类型：“开济”号的舰首与“威远”号一样，也被设计成了撞角首的样式；甲板上除了装置3桅杆与1烟囱外，还建造了首尾楼，并且在尾楼位置的两侧船舷处与司令塔前方的两舷处安装了耳台，整体外观与法国巡洋舰“杜居土路因”号巡洋舰、船政于地中海船厂定制的“威远”级炮舰都十分相像。

参数：“开济”号巡洋舰的体量极为庞大，整个舰船长 83 米、宽 11.5 米，军舰舱深 10.88 米，总计排水量高达 2200 吨，放眼当时整个中国的制船厂都是当之无愧的巨舰。

动力系统：“开济”号的蒸汽动力系统进行了一次升级，与以往的单机配置双锅炉的装置系统不同，船政为“开济”号装上了 1 座卧式三缸复合蒸汽机，这是一台由船政自主建造的同时拥有大、中、小三个汽缸的复合型蒸汽机，功率高达 2400 马力；此外还在舰上装置了 8 座圆形燃煤锅炉，以提高舰船的航速。

武备装置：“开济”号选用了 2 门口径 210 毫米的“克虏伯”炮作为军舰的主炮，并将其安装在前方的耳台上；副炮则是由 8 门口径为 120 毫米的“克虏伯”炮组成，2 门装置在尾楼处的两座耳台上，2 门分别置于首尾楼中，剩余的 4 门副炮则分别在舰船中部两侧的船舷中，以提高舰船的进攻覆盖面积。

（2）“镜清”号

“镜清”号是船政建造的第二号巡海快船，虽然在设计外观上与“开济”号一致，但是因为船政吸取了许多中法马江之战的教训，所以对于“镜清”号上的一些结构都进行了升级改进：如在舰底两侧增加一条舭龙骨以提高舰船在航行作战时船体的强稳性；将原先的木质桅杆改成了钢制桅杆，并撤下了桅杆上的帆装装置。此外，在武备设计方面也进行了明显的改动升级：如在前后桅杆上增设战斗桅盘用于安装机关炮提高火力；将军舰尾楼位置的两处耳台取消，将这里的火炮挪到舷侧；将舰尾的副炮改为主炮，在舰首增装 2 具鱼雷发射管。在动力系统上则是在轮机舱增加鼓风机，目的是为了强化蒸汽机的功率，使其能够提升到 3000 马力。

最终“镜清”号下水的海域航试数据显示，正常航行时军舰的航速达到了16海里/小时，最大航速高达17海里/小时，圆满地实现了本次动力系统的升级。

武备装置：值得注意的是，“镜清”号是船政第一艘装上了鱼雷兵器的军舰。此外，这艘军舰的武备是由3门口径为180毫米的主炮与7门口径为120毫米的副炮组成的，主副炮均于南洋瑞生洋行定制。

（3）“寰泰”号

船政建成的第三号巡海快船，各参数及主设计尺度与“镜清”号一致，舰上装备的武器与“镜清”号上的炮械都是在瑞生洋行定制，并且是同一批次。1887年8月，“寰泰”号建造完成后便开始了海域航试，最终测得“寰泰”号的主轴转速为91转/分钟，航速最高可达18海里/小时，比“镜清”号的航速更快。

11.“龙威”号（“平远”号）——钢甲舰

钢甲舰“龙威”号可以说是船政造舰历史中取得的最高技术成就，这艘军舰的诞生与中法海战的惨痛结果息息相关。中法海战结束后，船政大臣裴荫森吸取战争的教训，下定决心建造一艘钢甲舰提升船政的造舰水平，弥补中国海防力量的缺失，因此上书朝廷申请建造钢甲舰，经批准后与工程师魏瀚、陈兆翱、郑清濂等人共同商议，最后决定仿造法国的“黄泉”级双机钢甲兵船，开始建造属于船政的钢甲舰。

“龙威”号建造时间并不算长，不到一年时间就已基本建成舰体，战舰的质量也十分过硬。该舰于1888年1月29日成功下水，1889年5月15日开始进行航试，16日海试时最大航速达到了12.5海里/小时，优于原定的设计目标。

类型：如果按照舰型分类标准，“龙威”号应是一艘“近海防御铁甲舰”，即守口铁甲舰。这一类型的军舰主要是在近海与沿岸的区域开展作战计划。因为其吨位轻又安装了大口径的炮械，还有装甲防护，整体设计与现在的浅水重炮军舰类似，是一艘非进攻型的军舰。

参数：“龙威”号的舰长与舰宽分别为60.04米与12.19米，外观上有点像放大版的装甲“蚊子船”，总舰排水量为2100吨，吃水深度为4米，全舰钢制防御性能极强。比如，在舰船中部的轮机舱与弹药舱外侧设置了高度为1.52米、厚203毫米的装甲，军舰前方的主炮台基座也设置了厚127毫米的装甲，主炮与副炮都设置了厚50毫米的炮罩装甲，同时将舰底设置为双层底，这样即使舰底外层的舰壳破损，海水也不能入侵舰内。由此可以窥见“龙威”号的防御性能之高。

动力系统：“龙威”号的动力系统由2座2400马力的3汽缸多级膨胀式蒸汽机与4座燃煤锅炉组成，皆为船政自主建造。舰上还设置了250吨载煤量的大型燃料舱，增加了“龙威”号在海上航行的时间。值得一提的是“龙威”号蒸汽机的设计：工程师陈兆翱等将原计划的2汽缸复合式康邦蒸汽机升级为3汽缸多级膨胀式蒸汽机，使得船政的蒸汽机设计水平赶上了当时世界上的海军蒸汽机技术水平。“龙威”号的航速被设置为10.5海里/小时，但是在航测时测得了航速为12.5海里/小时，超过预期。

武备装置：“龙威”的武备计划是安装1门口径为260毫米的“克虏伯”后膛炮与3门120毫米口径的后膛炮，其中主炮预计安装在舰首甲板处，2门副炮安装在两侧船舷，1门副炮安装在尾楼处。除此之外，船政计划为“龙威号”安装4门多管机关炮、2座探照灯与2具鱼雷发射管。但是由于经费问题，船政最终只装完主炮。

1890年春天，改造后的“龙威”号与北洋海军主力舰队一起前往北洋。在李鸿章与裴荫森商议下，纳入北洋海军舰队，更名为“平远”舰。

12.“广乙”级——穹甲鱼雷巡洋舰

1886年11月3日，裴荫森上奏清廷，申请从南、北洋海防经费中仿造1艘穹甲巡洋舰，即带有装甲甲板防护的巡洋舰，在现代也称作防护巡洋舰。船政在自造穹甲巡洋舰方案中原本准备将法国圣纳泽尔船厂建造的穹甲巡洋舰“福尔班”作为母型进行仿造，但是由于经费问题，最终将参考母型改为法国罗什福尔船厂建造的“老鹰”号。虽然“老鹰”号的体型比“福尔班”号要小，但是它实际上是法国建造的第一艘大型鱼雷巡洋舰，这是19世纪70年代后才出现的新舰型，以鱼雷作为进攻武器，具备强大的防御性甚至更高的火力，被称为鱼雷巡洋舰。

参数：“广乙”级军舰的布局是由单烟囱与三桅杆组成的，舰体建设的钢材全部来自法国克鲁索铁工厂，船政建造的“广乙”级军舰的排水量刚好符合鱼雷巡洋舰的标准，为1000吨，舰长与舰宽分别为71.63米与8.23米，吃水深3.96米，整体外观看起来比“平远”号要大一点。

动力系统：“广乙”级的主机由2座双缸复合式蒸汽机与3座圆形锅炉组成。其中，蒸汽机非船政自制，而是从欧洲购置，全舰主功率预计为2400马力。

武备装置：“广乙”级军舰上装置了4具口径约356毫米的鱼雷发射管，火力十分强大，其中有2具鱼雷发射管安装在军舰中后两侧的船舷处，目的是为了抵挡从侧翼方向进攻的敌船。火炮装备模式主要是采用三点式布局，即在舷侧两边突出的耳台与舰尾处各安装一门火炮，作为鱼雷发射管的补充火力；此外，“广乙”级的不同军舰上还安装了数量不等的小口径机关炮作为火力辅助，增强军舰的火力值。

（1）“广乙”号

“广乙”号是“广乙”级的第一艘军舰，于1888年1月2日开始建造，至1890年11月30日开始出海展开一系列的航试，最终检测得出该舰的最高航速达到15海里/小时，完全符合设计指标，顺利完工投入使用。

（2）“广丙”号

1888 年 7 月 7 日，船政开始建造“广丙”号，由于舰材采购与运输耗时较长，因此到了 1891 年 4 月 11 日才完工，同年 12 月 18 日开始航试，测得该舰的最大航速为 15 海里 / 小时。

（3）“广丁”号 /“福靖”舰

“广丁”号是裴荫森在任主持建造的最后一艘军舰，于 1889 年 11 月 4 日开工，在主尺寸的设计上进行了些许改动，舰长为 71.01 米，舰宽为 8.02 米，舱深 5.48 米，吃水 3.5 米，到 1893 年年末才基本完成舾装等工艺。1893 年 12 月 16 日在马祖岛一带海域进行航试，测得以 2000 马力的功率航行时航速为 12.4 海里 / 小时，由此计算出该舰以 2400 马力航行时航速大约在 13—14 海里 / 小时，虽然航速上比“广乙”“广丙”慢，但是也符合预期设计的航速标准。

13.“广庚”级——小型炮舰

“广庚”级军舰属于小型的炮艇，体量与船政建造的“湄云”级军舰相似。在“广庚”级军舰的建造计划中，两广给每艘军舰的建造预算为 3 万两银。

参数：“广庚”级军舰的排水量 320 吨，长 43.89 米，宽 6 米，吃水 3.04 米，配套船政自己生产的 400 实马力蒸汽机与锅炉。

武备装置：每艘舰上装备 2 门主炮，分别位于舰首与舰尾。前主炮采用口径为 120 毫米的火炮，后主炮则是一门口径为 105 毫米的火炮，副炮则由 4 门“哈乞开斯”5 管机关炮组成，分别安装在前后桅的桅盘内与军舰中部的两侧船舷。

“广庚”号是“广庚”级的首舰，于 1888 年 2 月 2 日在船政开工，同年 5 月 30 日下水，待各项舸装工程全部结束后开始出海进行航测，最终测得军舰航行时主轴转速为每分钟 120 转，航速为 12 海里 / 小时。

原本按照张之洞的协造军舰计划，“广庚”级军舰继“广庚”号后还将继续建造“广辛”“广壬”“广癸”等3艘军舰，新任的两广总督李瀚章拒绝筹资继续协造计划，因此“广庚”号成为“广庚”级硕果仅存的军舰，随着两广取消了协造军舰计划后，“广辛”“广壬”“广癸”三舰的建造直接“胎死腹中”。

第九章　船政纪念性建筑

一、船政纪念性建筑概况

船政纪念性建筑主要有昭忠祠和左沈二公祠两座具备祭祀功能的建筑组成。昭忠祠是为了纪念清末在历次保卫海疆战争中牺牲的船政水师官兵和学生而建立，左沈二公祠则主要纪念开创船政大业的左宗棠和沈葆桢这两位民族英雄。

二、船政纪念性建筑详览

1. 昭忠祠

建筑功能

为纪念、祭祀光绪十年（1884 年）中法马江海战中牺牲的中国将士而设立的祠堂。

建筑沿革

光绪十年（1884 年），法国军舰入侵马江，中国初次进行现代战争，毫无经验，加之受李鸿章“彼若不动，我亦不发”“虽胜亦斩”的严令牵制，被动挨打，从而失去先发制敌的有利战机，导致惨败。此役阵亡士卒 800 余人，战后乡民收得骸骨 700 余具，分九冢葬于马限山下。

光绪十一年（1885 年），署理船政大臣张佩纶奏疏朝廷，为纪念甲申马江海战阵亡将士建祠追祀，迄1886年12月落成。祠成，船政大臣裴荫森为治碑文。祠为官立“奉旨祀典”，每年春秋二祭皆有司致祭，本祠虽伙夫杂役同列祀典，首次以“贱民”入官方祭祀。

昭忠祠大门

1919年8月25日，强台风袭击马尾，昭忠祠部分建筑因风灾倒塌。

1920年，在祠堂西侧合原九冢为一冢，增建马江海战烈士墓，次年完工。

1991年列为福州市青少年德育基地。1996年，昭忠祠（包括烈士墓）与马限山中坡炮台一同以“马江海战炮台、烈士墓及昭忠祠”的名义被公布为全国重点文物保护单位。

建筑形态

昭忠祠位于马尾区马限山下东南方位，昭忠祠又名“阵亡祠”，占地面积3000多平方米，建筑面积900多平方米，长25.5米，宽35.4米。

民国九年，海军总长刘冠雄认为祠墓过于简陋，委托福州船政局、由陈兆锵主持翻修。陈兆锵从京、沪等地的船政校友处募款2.3万元进行扩建。昭忠祠墙面为大红色，牌楼式门墙，为福州常见祠庙式，正门为一牌楼式照壁墙，两边是八字墙，有三扇拱券门。正门上有“昭忠祠”横匾和“奉旨祀典”石额；两侧的门上刻有“雷雨”和“日星”石匾。进正门，三面回廊，中间是天井。入门为戏台，上有藻井，但地面并未升起。戏台后隔一小天井为献殿，面阔五间做敞厅状，地面与门殿、戏台平。献殿后为享殿，面宽三间，地面高于献殿约一米，左右有庑，右有附属一院，为两层砖楼，或为庙管理者所居。

昭忠祠纪念堂

新的昭忠祠建筑于1921年秋建成，重建后的祠将原葬在马尾造船厂石船坞旁的一批烈士遗骨也迁入，与原有的九坟合为一冢，墓前置“光绪十年七月初三日马江诸战士埋骨处”碑石，同时将甲午中日海战牺牲的福建籍官兵亦合并为一丘。墓道长5.5米，宽5.1米，沿着墓道登六级台阶到达墓埕，墓埕的中央是石碑亭。墓碑亭盖用铁质舰板焊成，并用铁艺花纹修饰，墓座的西北面朝东南，前面立着一对石头雕柱，高有 4.7 米。祠内建戏台，堂中间为玻璃神龛，设神主、神牌。祠西建阁楼、花厅、回廊、园丁房。1922 年，又将甲午海战的将士牌位移入昭忠祠。福建马尾昭忠祠成为纪念近代中国海军英烈的纪念专祠。

昭忠祠享殿内祀甲申、甲午海战中殉国之海军将士，共置 796 位烈士神主牌，梁上高挂一方“碧血千秋”金字匾额，为萨镇冰题、沈觐寿书；“忠昭华夏”匾额为马尾造船厂供奉。两侧壁上各镶嵌 3 块铭刻烈士姓名、职务的碑石，两边回廊分立昭忠祠碑和记叙烈士业绩的碑刻。厅中陈列有马尾港地形沙盘，西厢及廓庑陈列大炮、炮弹及烈士遗物、遗嘱等。

抗日期间，马尾两次沦陷，祠堂无人看管，戏台、神龛、匾额、神主都被摧毁。

解放战争期间，昭忠祠作为我党地下党的临时接头点。抗战后政局变化，昭忠祠失去支持，年久失修，日渐败落，复为他人占用。

1961 年，新中国成立后昭忠祠被福州市列为市级保护单位。1963 年修葺一新。

1984 年，为纪念甲申海战 100 周年，福州市文管会对祠墓进行了重修，新建祠门、围墙，另配门墩、铁门。原戏台改为重檐歇山顶、面阔五间的前殿，祠厅为硬山顶，也是面阔五间，进深为五柱。为改善祠墓之间的交通关系，避免祠墓割离，原侧院两层小楼拆除。

因门前道路屡次翻修垫高，造成祠墓排水不畅，淤积于内，致使祠墓沦为鸭戏之处。又将路面增高，将祠墓俱垫高近两米。为节省土方及消防储水计，仅将墓体正面前方墓埕垫高，墓侧面部分原墓埕则留空不填，蓄水为池，池上建仿古方亭一，作接待室，名为追思亭。修葺后的昭忠祠拆除原铸铁碑亭，以花岗石照原大小纹样打制代替。雕花拱顶，通高 3.2 米。墓碑立于碑亭内，高 1.74 米，宽 0.6 米，竖刻两行楷书："光绪十年七月初三日，马江诸战士埋骨之处"。阴刻法，字约有 0.12 米。须弥座基础，坐台四边的石栏杆用锚链图案装饰。花岗石砌墙的墓穴封土呈长方形，长约 48.5 米，宽 10.8 米，高 1.03 米，花岗石砌墙，用水泥铺面，四周环立石塑柱，锚链围绕四周。祠前古榕原有两株，一立一偃，立者 1986 年为台风刮倒，现仅存偃者。

2. 左沈二公祠

建筑功能

纪念开创船政的左宗棠和为船政创业殚精竭虑的首任船政大臣沈葆桢的祠堂。

建筑沿革

1891 年 7 月 23 日，福州马尾船政提调、知府杨廷传和在职的船政员工沈贞干、福州将军希元等人向朝廷递奏折申请设立左沈二公祠。左沈公祠是纪念创办福建船政的两位开创人左宗棠和沈葆桢而筹建。朝廷批复在马尾海潮寺旁建立专祠，并允许"自筹经费，准建专祠"。杨廷传接旨后，带头多方募捐有千余两白银。

建祠期间，不少马尾的村民和船政的工人自发前来扛砖挑土支援祠堂建设，一时传为佳谈。建祠工程由委绅（行政人员）许贞干负责，他奉公守法，认真负责。左沈二公祠从 1892 年春开始建设，6 月底已经基本完成。

左沈二公祠的创建，符合当地马尾乡民和船厂工人的愿望，他们对两个前人是感恩的，没有左宗棠殚精竭虑的"兴办实业"，没有沈葆桢"考工育才之宏图远志"，就没有船政，也没有"化丛冢为闹市"的马尾官街热闹场景。福州马尾多山贫瘠，不适合耕种，但开创船政实业，为千万本地村民提供就业机会和生活来源，实为安民乐业的伟业。左沈二公的高瞻远瞩，"谋求洋务、防务，开中华之先锋，欲海滨自强之本"的实干精神，保卫边疆和海防不受外来侵扰，创办船政的伟大功绩，保卫民众和国家安全的实业付出，值得广大民众的纪念。

该建筑建成后，在春秋祀典中，左沈二公祠和昭忠祠分上午和下午两日举行。平时由马尾水师营派退役的士兵看管。

1901 年，烟台海军练营来福州一带招兵时，借祠为报名处，借期长达一个月，直到招兵结束离开。

1912 年，孙中山先生来到马尾参观福建船政，临别前与船政副局长沈希南（沈葆桢孙子）在祠堂前话别。

1922 年，北洋军阀政府派海军占领马尾，成立“海军闽江警备司令部”，时任海军司令的杨敬修任命任光宇为警备司令部管带，于祠堂内设立海军修械所。

1941 年马尾光复，江防司令李世甲率兵驻扎在祠堂内。

1944 年马尾第二次沦陷，李世甲率部退到白沙镇，兵部离开祠堂。

1945 年马尾第二次光复，祠堂成为海军粮库，祠堂内的匾额等文物遭到破坏。

1948 年，祠北与旺岐村相隔的水流填平了，祠前变为街道。

1949 年 8 月 16 日，马尾解放，毗邻祠堂的海潮寺因储存着大量的水雷弹药库爆炸了，祠堂也受到了损坏。

1951 年，祠堂还是用作粮库，但为了保存粮食，也为了节省木材，从闽侯调运来十余根横直匾修缮祠堂。

1956 年，福马铁路要从左沈公祠穿过，为了修建铁路，左沈公祠被拆毁，文物一无所剩。

2013 年 9 月 24 日，福州马尾区政府在左沈二公祠的原址附近重建，新的左沈公祠位于天马山公园内，也是木建筑结构的一层祠堂建筑，建筑面积 536 平方米，采用传统的穿斗式和抬梁式相结合木结构建筑模式，祠堂建筑仍然背山面水，顺着山势阶梯式抬升，新的祠堂建筑正厅摆放着两座高 2.6 米的左沈二公铜像，以供后人祭奠和祭祀。祠堂的重建工程是天马山公园的二期工程之一，目的是构建福州东部新城和马尾区整体“一山一水一城”的大城市空间格局。

2014年左沈二公祠重建开祠仪式在天马山公园举行。

建筑形态

左沈公祠最鼎盛时期的建筑面积超过千亩，马尾百姓感念先贤，常来悼念。公祠位于马尾旺岐村，南面隔着两步宽的小巷，与海潮寺相邻。北面傍溪，水深湍急，后面是石阶小道，小道连接后山，宗祠前面面对闽江，飞檐翘角。正面的大门上嵌有竖向的“圣旨”和横向匾额“左沈二公祠”，这一横一竖的匾额都是用青石精雕刻而成的。两侧各有一小门，依门而入，可见木质戏台，约行进二十几米进入中厅，再行进约15米就到了正厅。正厅的中间位置设有横案，上面有烛台、花瓶等祭祀用品，正厅的中间是圣旨，左宗棠和沈葆桢的木雕雕刻分列两边，高有1米左右，木雕用玻璃罩罩住，旁边还有一尊泥塑的左宗棠雕像，

左沈二公祠大门

高有半米，放在玻璃框前。正厅的上面高悬知府杨廷传书写的题字“遗爱在人”。题字旁有海军总长林建章的一对楹联：“开山两伟人，文襄文素垂千古，择地多深意，铸舰铸才充四方。”祠堂四壁用白灰粉刷，整个正厅纵深 58 米，宽 26 米，端庄、宽敞、整齐的正厅厅堂十分静谧、庄严。

参考文献

［1］陈悦．船政史：上［M］．福州：福建人民出版社，2016.

［2］陈悦．船政史：下［M］．福州：福建人民出版社，2016.

［3］福州市地方志编纂委员会，沈岩．船政志［M］．北京：商务印书馆，2016.

［4］福州市马尾区文化体育局，谢木宁，龚张念．船政文物图录［M］．福州：福建美术出版社，2009.

［5］郑新清．船政文化研究选集［M］．厦门：鹭江出版社，2016.

［6］朱永春．福州近代建筑史［M］．北京：科学出版社，2017.

［7］郑新清．船政文化研究：第 8 辑［M］．海峡出版发行集团，2015.

［8］张作兴．船政文化研究：第 2 辑［M］．北京：中国社会出版社，2004.

［9］福州市马尾区地方志编纂委员会．马尾区志：卜［M］．北京：方志出版社，1998.

［10］张天禄，福州地方志编纂委员会，曹于恩，福州市志：第 8 册［M］．北京：方志出版社，1999.

［11］金秋蓉，肖郁哉．观澜船政文化［M］．北京：人民交通出版社，2009.

［12］今日福州．今日中国历史文化名城系列丛书［M］．上海：《今日福州》编委员会新华书店，1991.

［13］荣斌，徐世典 . 中国历史文化名城［M］. 济南：山东友谊出版社，1996.

［14］林炳钊 . 闽海夜谭五集［M］. 北京：中国图画出版社，2005.

［15］张天禄，福州市地方编纂委员会 . 福州市地名志［M］. 福州：海潮摄影艺术出版社，2004.

［16］林炳钊 . 闽海夜谭选萃［M］. 北京：中国图书出版社，2011.

［17］林山 . 联话福州［M］. 福州：海潮摄影艺术出版社，2007.

［18］吴任平 . 闽江口海防古炮台探秘［M］. 北京：中国建材工业出版社，2021.

［19］汪坦，张复合 . 第四次中国近代建筑史研究讨论会论文集［M］. 北京：中国建筑工业出版社，1993.

［20］沈岩 . 船政与近代中国教育［M］. 福州：福建人民出版社，2016.

［21］朱华 . 船政文化研究：第 5 辑［M］. 福州：海潮摄影艺术出版社，2008.

［22］张作兴 . 船政文化研究：船政奏议汇编点校辑［M］. 福州：海潮摄影艺术出版社，2006.

［23］福州市马尾区地方志编纂委员会 . 马尾区志：下［M］. 北京：方志出版社，2002.

［24］《中国舰艇工业历史资料丛书》编辑部 . 中国近代舰艇工业史料集［M］. 上海：上海人民出版社，1994.

［25］沈岩 . 船汉学堂［M］. 北京：科学出版社，2007.

［26］福州经济开发区统计局 . 福州经济技术开发区年鉴［M］. 北京：中国统计出版社 .2014.

[27]福州经济技术开发区统计局.福州经济技术开发区年鉴[M].北京：中国统计出版社，2006.

[28]福州经济技术开发区统计局.福州经济技术开发区年鉴[M].北京：中国统计出版社，2005.

[29]林璧符，黄君.闽都文化源流[M].北京：中国社会出版社，2003.

[30]沈岩.面对大变革：船政的改革与探索[M].北京：社会科学文献出版社，2018.

[31]黄际遇，黄小安，何荫坤.畴盦联话[M].广州：中山大学出版社，2019.

[32]钮先钟.战略家思想与著作[M].上海：文汇出版社，2016.

[33]张爽.姓氏名人故事[M].北京：金盾出版社，2016.

[34]盛承懋.盛宣怀与湖北[M].武汉：武汉大学出版社，2017.

[35]顾雷，杨凤城，杨江华.丰碑：全国爱国主义教育示范基地大观：福建卷[M].北京：中国文史出版社，2019.

[36]朱华.船政文化与台湾[M].厦门：鹭江出版社，2010.

[37]林国平，邱季端.福建历史文化博览：下[M].福州：福建教育出版社，2017.

[38]陈道章.船政研究文集[M].福州：福建省音像出版社，2006.

[39]张仕荣.甲午战争与台湾百年命运[M].北京：九州出版社，2017.

[40]陈支平，李玉柱.闽台文化的多元诠释2[M].厦门：厦门大学出版社，2013.

［41］陈名实 . 闽越丛谈［M］. 厦门：厦门大学出版社，2012.

［42］杨凡 . 叙事：福州历史文化名城保护的集体记忆［M］. 福州：福建美术出版社，2017.

［43］陈道章 . 船政文化研究丛书：马尾杂记［M］. 香港：香港文学报社出版公司，2010.

［44］江小鹰 . 船政拾英［M］. 福州：福建省音像出版社，2005.

［45］徐晓望 . 妈祖信仰史研究［M］. 福州：海风出版社，2007.

［46］陈悦 . 清末海军舰船志［M］. 济南：山东画报出版社，2012.

［47］林庆元 . 福建船政局史稿［M］. 福州：福建人民出版社，1999.